ART&DESIGN

高等院校艺术设计教育『十二五』规划教材

GAODENGYUANXIAO
YISHUSHEJIJIAOYU
SHIERWUGUIHUAJIAOCAI

高等院校艺术设计教育『十二五』规划教材

主　编：贵树红
副主编：黄文娟

透视与设计

Toushi Yu Sheji

GAODENGYUANXIAO
YISHUSHEJIJIAOYU
SHIERWUGUIHUAJIAOCAI

 中南大学出版社
www.csupress.com.cn

图书在版编目(CIP)数据

透视与设计/贵树红主编. —长沙:中南大学出版社,2014.5
ISBN 978 – 7 – 5487 – 1063 – 9

Ⅰ.透… Ⅱ.①贵… Ⅲ.环境设计－透视学－高等学校－教材
Ⅳ.TU – 856

中国版本图书馆 CIP 数据核字(2014)第 068833 号

透视与设计

贵树红　主编

□责任编辑	刘　莉	
□责任印制	易建国	
□出版发行	中南大学出版社	
	社址:长沙市麓山南路	邮编:410083
	发行科电话:0731-88876770	传真:0731-88710482
□印　　装	湖南精工彩色印刷有限公司	

□开　　本	889×1194　1/16　□印张 8 □字数 247 千字	
□版　　次	2014 年 8 月第 1 版　　□2014 年 8 月第 1 次印刷	
□书　　号	ISBN 978 – 7 – 5487 – 1063 – 9	
□定　　价	32.00 元	

总 序

人类的设计行为是人的本质力量的体现，它随着人的自身的发展而发展，并显示为人的一种智慧和能力。这种力量是能动的，变化的，而且是在变化中不断发展，在发展中不断变化的。人们的这种创造性行为是自觉的、有意味的，是一种机智的、积极的努力。它可以用任何语言进行阐释，用任何方法进行实践，同时，它又可以不断地进行修正和改良，以臻至真、至善、至美之境界，这就是我们所说的"设计艺术"——人类物质文明和精神文明的结晶。

设计是一种文化，饱含着人为的、主观的因素和人文思想意识。人类的文化，说到底就是设计的过程和积淀，因此，人类的文明就是设计的体现。同时，人类的文化孕育了新的设计，因而，设计也必须为人类文化服务，反映当代人类的观念和意志，反映人文情怀和人本主义精神。

作为人类为了实现某种特定的目的而进行的一项创造性活动，作为人类赖以生存和发展的最基本的行为，设计从它诞生之日起，即负有反映社会的物质文明和精神文化的多方面内涵的功能，并随着时代的进程和社会的演变，其内涵不断地扩展和丰富。设计渗透于人们的生活，显示着时代的物质生产和科学技术的水准，并在社会意识形态领域发生影响。它与社会的政治、经济、文化、艺术等方面有着千丝万缕的联系，从而成为一种文化现象，反映着文明的进程和状况。可以认为：从一个特定时代的设计发展状况，就能够看出这一时代的文明程度。

今日之设计，是人类生活方式和生存观念的设计，而不是一种简单的造物活动。设计不仅是为了当下的人类生活，更重要的是为了人类的未来，为了人类更合理的生活和为此而拥有更和谐的环境……时代赋予设计以更为丰富的内涵和更加深刻的意义，从根本上来说，设计的终极目标就是让我们的世界更合情合理，让人类和所有的生灵，以及自然环境之间的关系进一步和谐，不断促进人类生活方式的改良，优化人们的生活环境，进而将人们的生活状态带入极度合理与完善的境界。因此，设计作为创造人类新生活，推进社会时尚文化发展的重要手段，愈来愈显现出其强势的而且是无以替代的价值。

随着全球经济一体化的进程，我国经济也步入了一个高速发展时期。当下，在我们这个世界上，还没有哪一个国家和地区，在设计和设计教育上有如此迅猛的发展速度和这般宏大的发展规模，中国设计事业进入了空前繁盛的阶段。对于一个人口众多的国家，对于一个具有五千年辉煌文明史的国度，现代设计事业的大力发展，无疑将产生不可估量的效应。

然而，方兴未艾的中国现代设计，在大力发展的同时也出现了诸多问题和不良倾向。不尽如人意的设计，甚至是劣质的设计时有面世。背弃优秀的本土传统文化精神，盲目地追捧西方设计风格；拒绝简约、平实和功能明确的设计，追求极度豪华、奢侈的装饰之风；忽视广大民众和弱势群体的需求，强调精英主义的设计；缺乏绿色设计理念和环境保护意识，破坏生态平衡，不利于可持续性发展的设计；丧失设计伦理和社会责任，极端商业主义的设计大行其道。在此情形下，我们的设计实践、设计教育和设计研究如何解决这些现实问题，如何摆正设计的发展方向，如何设计中国的设计未来，当是我们每一个设计教育和理论工作者关注和思考的问题，也是我们进行设计教育和研究的重要课题。

目前，在我国提倡构建和谐社会的背景之下，设计将发挥其独特的作用。"和谐"，作为一个重要的哲学范畴，反映的是事物在其发展过程中所表现出来的协调、完整和合乎规律的存在状态。这种和谐的状态是时代进步和社会发展的重要标志。我们必须面对现实、面向未来，对我们和所有生灵存在的环

总 序

境和生活方式，以及人、物、境之间的关系，进行全方位的、立体的、综合性的设计，以期真正实现中国现代设计的人文化、伦理化、和谐化。

本套大型高等院校艺术设计教育"十一五"规划教材的隆重推出，反映了全国高校设计教育及其理论研究的面貌和水准，同时也折射出中国现代设计在研究和教育上积极探索的精神及其特质。我想，这是中南大学出版社为全国设计教育和研究界做出的积极努力和重大贡献，必将得到全国学界的认同和赞许。

本系列教材的作者，皆为我国高等院校中坚守在艺术设计教育、教学第一线的骨干教师、专家和知名学者，既有丰富的艺术设计教育、教学经验，又有较深的理论功底，更重要的是，他们对目前我国艺术设计教育、教学中存在的问题和弊端有切实的体会和深入的思考，这使得本系列教材具有了强势的可应用性和实在性。

本系列教材在编写和编排上，力求体现这样一些特色：一是具有创新性，反映高等艺术设计类专业人才的特点和知识经济时代对创新人才的要求，注意创新思维能力和动手实践能力的培养。二是具有相当的针对性，反映高等院校艺术设计类专业教学计划和课程教学大纲的基本要求，教材内容贴近艺术设计教育、教学实际，有的放矢。三是具有较强的前瞻性，反映高等艺术设计教育、教材建设和世界科学技术的发展动态，反映这一领域的最新研究成果，汲取国内外同类教材的优点，做到兼收并蓄，自成体系。四是具有一定的启发性。较充分地反映了高等院校艺术设计类专业教学特点和基本规律，构架新颖，逻辑严密，符合学生学习和接受的思维规律，注重教材内容的思辨性和启发式、开放式的教学特色。五是具有相当的可读性，能够反映读者阅读的视觉生理及心理特点，注重教材编排的科学性和合理性，图文并茂，可视感强。

总之，本系列教材具有鲜明的专业性和时代性，是高校艺术设计专业十分理想的教材。对于广大设计专业人士和设计爱好者来说，亦不失为一套实用的参考读物。相信本系列教材的问世，对促进我国设计教育的发展和推进高等艺术设计教学的改革，对构建文明而和谐的社会发挥其积极而重要的作用。

是为序。

2006年圣诞前夕于清华园

张夫也 博士 清华大学美术学院史论学部主任、教授、博士研究生导师
中国美术家协会理论委员会委员

前 言

　　随着城市化进程的加快，人们对建筑、景观、室内、展示等设计的要求越来越高，这就要求设计人员能够熟练掌握设计表达的相关基础知识。无论当今数字时代计算机的介入对于设计有多么大的影响，如果没有正确的透视知识作为设计表达的基础，空间设计的表达就无从下手。透视表达是空间表达的框架，只有建构了正确的空间框架，一个好的设计表达才有了坚实的依托，才能够得以实现。

　　透视学是一门研究和解决在平面上表现立体效果、表现空间结构的科学，是学习绘画和设计的基础学科。透视作图在建筑、景观等空间艺术设计中历来有着不可或缺的重要地位，对于专业设计人员尤其是从事建筑景观设计类专业设计的从业人员来说极其重要。如果没有透视知识作为专业设计的支撑，如果没有良好的设计表达能力，建筑、景观等空间艺术设计几乎就是空中楼阁。

　　透视对于设计的重要性不仅表现在提供一种行之有效的、理性的空间思维模式，为建筑、景观、室内及展示等空间艺术设计奠定一个良好的基础，还可以为一般美术基础教学提供一种新的视野，是帮助、引导那些绘画基础较弱的学生快速开启进入视觉艺术大门的钥匙。

　　本书始终把实用性放在首位，并就如何处理空间透视变化、空间分析等一系列透视问题，从专业设计的需要，介绍了一些简明实用的透视作图方法，并以精细的图例、洗练的文字，从理论到实践，有的放矢地阐述了设计透视的基本原理与方法，解决了学习透视基础知识不知道怎么运用、基础学习与设计实践脱节的教学问题，尤其对绘制手绘效果图有着极其重要的实用价值和学术价值，是一本对于高等院校从事透视教学及建筑、景观类设计的同行们有着较高实用价值的专业教材。

　　在本书的编写过程中，得到了湖南工艺美术职业学院领导，特别是环境艺术设计系领导和老师们的大力支持与帮助，特别感谢张旻老师对本书的热情付出，她不仅为本书的编写提供了一些相关图片，而且还参与了本书的校对工作；视觉传达设计系的林肇坤等同学也积极参与了本书的图片处理工作，在此一并致以衷心的感谢！

　　本书是作者在多年从事专业教学的基础上积累和沉淀下来的教学成果。在设计类专业教学中，让学生掌握有效且实用的学习方法，既是教学的出发点，也是本书编撰的目的，《透视与设计》便从实用与科学的角度给读者提供了这种学习的方法。惟愿本书的出版，能带给读者以全新的感观与有益的信息。

　　限于水平，许多观点也许只是一孔之见，缺点、错误难免存在，敬请专家、读者斧正，以便使透视学更好地为专业设计服务，使透视教学质量进一步完善与提升。

湖南工艺美术职业学院环境艺术设计系主任、教授 刘芳

甲午年春于会龙山畔

目 录

第一章 透视与设计的关系

"设计"在当今社会,作为艺术的一种重要表现形式,已经成为了一种文化符号,与我们的生活息息相关。

设计师要将自己的设计意图充分地表达给观者,就必须掌握设计的表现技法——透视作图法。透视作图在建筑设计、景观设计、室内设计、展示设计中历来有着不可或缺的重要地位。

可以说,透视是设计作图的骨架。在专业设计中,如果没有透视作图作为支撑,建筑、景观、室内、展示等空间艺术设计几乎都只能是空中楼阁。透视的重要性不仅表现在给设计提供一种行之有效的、理性的思维模式,为建筑、景观、室内、展示等空间艺术设计奠定一个良好的基础,还可以为设计基础或绘画教学提供一种新的视野,可以很好地帮助那些绘画基础较弱的学生快速进入视觉艺术的大门。

在当今的数字时代,电脑对于设计过程的深度介入,一方面带给了设计师极大的工作便利,大大缩短了设计的周期;另一方面也迷惑了大批设计人员,认为有了电脑的处理,设计师就不用认真学习透视作图了,这是一个极大的误区,值得我们认真思考。在数字时代,透视作图对于空间艺术的重要性不仅没有减弱,反而大大增加了。正因为有了电脑严密的空间处理,才更需要设计师在第一时间对空间有一个直观的感觉。而呈现这种空间感觉最便捷有效的方式莫过于手绘效果图了,在这个数字时代恰恰应该重新给予更大的重视。

透视效果图是运用一种将三度空间的形体转换成具有立体感的二度空间画面的绘图技法,把设计师预想的方案比较真实地再现于画面。

透视效果图的技法源于画法几何的透视制图法则和美术绘画基础。

掌握基本的透视作图法则,是绘制透视效果图的基础。

透视是将三度空间的形体转换成具有立体感的二度空间画面的绘图技法。

设计透视是指建筑、景观、室内、展示等空间艺术设计的设计人员用以表达设计意图和效果的应用制图的透视法。

设计透视具有专业性、真实性、科学性、制图性和超前性的特点。它要求所表现的形象真实、准确、客观,不允许有任何主观的变形、夸张和失真等随意性出现。设计透视必须十分注意表现技法的科学性和理性原则。由于设计者创造的是理想实物形态,不可能在事后才去表现它,因此设计透视又具有超前性和创造性。

设计人员在进行设计构思时,经常都是利用快捷、简练的速写性设计草图进行推敲,逐步使设计趋于更加完善、完美。

第二章　透视概述

第一节　透视渊源与透视概念

一、透视图法的渊源

古代的绘画艺术是在二维平面上进行的，从古埃及、古希腊到古代中国的绘画均是以平面形象进行的。直到现在，我们都在称赞这些古代绘画艺术的古朴和简洁。但是，我们似乎也能体会到那些古代艺术家的苦恼和无奈，因为当时透视图法还没有诞生。

视觉空间的近大远小及其表现，是画家必然遇到的问题，由于绘画源于不同的民族，对透视就会从不同的角度加以研究和运用。在中国，历代画家有许多这方面的论述。早在公元5世纪，南朝宋的山水画家宗炳就提出了类似透明画面"令张绡素以映远"的方法，并阐述了近大远小的基本规律。到宋代，画家郭熙在《林泉高致集》中分析了山水画由于视点位置的变化所产生的高远、深远、平远的三种透视变化的构图特点，对中国山水画的发展起了很大的推动作用。由于空间观念、构图方式的不同，在中国绘画长期发展过程中，逐渐形成了独到的具有民族特色的散点透视的构图法则。

15世纪意大利文艺复兴运动时期，西方的透视图法诞生了。15世纪初，文艺复兴式建筑的创始人——建筑师兼画家菲利浦·布鲁内莱斯基首先根据数学原理揭开了视觉的几

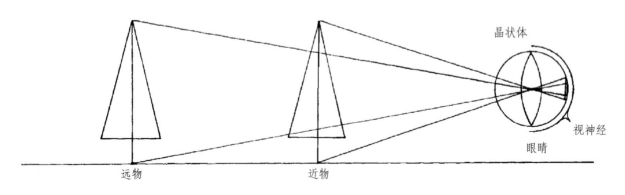

图2-1　视觉原理图

何构造,奠定了透视法的基础,并提出了绘画透视的基本视觉原理。这个视觉原理现在看来是很简单的,但在当时却产生了极其重大而深远的意义。

视觉原理表明:物体通过眼球的凸透镜晶状体,对焦后反映到视网膜上,经视神经传向大脑,近处物体反映在视网膜上的图像要比远处物体反映在视网膜上的图像大,而且是越近越大,越远越小。这种"近大远小"的透视图法的第一个定理,就这样被证实了。

有了这个科学依据,许多画家、数学家、科学家为将定理变成可以实践的图法进行了种种探索和试验。据史料记载,1435年著名建筑师兼画家的列昂·巴蒂斯塔·阿尔伯蒂在《绘画论》中专门阐述了透视学。在这一时期,还有乌彻罗、安德烈亚·曼坦那等画家从理论上和绘画实践上对透视作出了出色的贡献。而最突出的乃是画家比埃罗·德拉·弗朗西斯卡,他在1458年出的专著《绘画透视学》,把透视学发展到了相当完善的地步。阿尔伯蒂与弗朗西斯卡的理论,象征着这一时期透视学的最高成就。

后来这些探索和试验,被艺术史上的超级巨匠达·芬奇进行了总结和发扬,整理成了"芬奇透视法"。达·芬奇还为绘画艺术家留下了三大研究课题:(1)线的透视法则;(2)空气的透视法则;(3)色彩的透视法则。

文艺复兴后的几百年间,西方绘画艺术家们乐此不疲地解答着由达·芬奇留下的三大研究课题。

图2-2 丢勒《画家画瓶饰》(木板画)

16世纪,线的透视法基本上被严谨的德国画家丢勒等人完成了。

17世纪,空气透视的研究迈上了新台阶,其代表人物有伦勃朗、鲁本斯等人。

18世纪、19世纪,重点解决了色彩透视问题,以莫奈为首的印象派画家们对色彩进行了透彻的分析和研究。

随着透视图法中一个个难题被破解,写实主义的绘画艺术终于在19世纪达到了巅峰状态,透视图法被奉为画家们的法宝。

19世纪末，照相术的发明打破了绘画艺术家的美梦，把写实主义绘画逼上了绝路。之后，画家们开始反思和调整方向，一致选择绕过照相术布下的"雷区"，另辟蹊径。此后，立体派、未来派、表现主义、超现实主义等绘画流派在20世纪应运而生，许多前卫艺术家和批评家们甚至对透视图法敬而远之，视写实主义作品为低能。当然，20世纪开始产生的各种绘画流派，并不仅仅起因于照相术的发明，还有其更深刻的历史和哲学原因。在现代派著名大师中，只有毕加索和达利曾深入地研究过透视图法。

二次世界大战后，西方各国百废待兴，全世界掀起了建设高潮。而这时，成全设计师们的最强有力的工具，就是透视效果图。1953年澳大利亚为建造悉尼歌剧院向全世界建筑界进行公开招标，中标者丹麦建筑师伍重就是以一张独具创意的水彩透视效果图赢得了这项举世瞩目的大型工程。由于招标和投标制度逐渐成为设计界和工程界的必经程序，透视效果图的重要性也就越来越显著。

最近，由于计算机三维设计的冲击，以手绘透视效果图为生的设计师们受到了莫大的威胁。为了抗争，手绘透视效果图设计师在手绘图中尽量表现设计的创意和艺术的深度。电脑的普及和应用，让设计师们免去了许

图2-3　达·芬奇《最后的晚餐》

多他们不想做的事情，而尽可能地去做些更具创造性的设计工作。

时至今日，时代的节奏要求人们更直接更迅速地表达他们的设计意图，而且，"设计透视"仍然是高等院校艺术设计各专业的重要基础课与必修课程，研究并掌握设计透视作图方法仍然是艺术设计人员徒手绘图的必备技能。

二、透视图法的作用

透视法则是造型的重要依据，是指导我们在造型中正确地观察、理解和表现物象的科学的理性法则之一。因此，掌握透视的原理和透视变化的规律，是建筑设计、景观设计、室内设计、展示设计等专业教学的重要课题。

达·芬奇认为"透视是绘画的缰辔和舵轮"，"少年应当先学透视，学习万物的比例"，"透视学乃是引向理论的向导和门径。少了它，在绘画上将一事无成"。

透视，是将三度空间的形体转换成具有立体感的二度空间画面的绘图技法。透视学是一门研究和解决在平面上表现立体效果，具有空间结构景象的绘画与设计的基础学科。能够准确到位地利用透视效果图表达自己的设计意图，是造型设计师的"看家本领"。透视效果图能将设计师预想的方案比较真实地再现出来。

通常在方案设计时需绘制透视效果图，以供设计方和使用方讨论、评判、比较、审批之用。绘制透视效果图是建筑设计、景观设计、室内设计、展示设计中的一项必不可少的重要内容，掌握基本的透视知识和透视图法，是绘制透视效果图的基础。透视，对任何一位从事艺术设计的人来说，都是重要的。绘画与建筑设计的造型规律基本一致，从事写实性绘画的人，尤其是从事建筑设计、景观设计、室内设计、展示设计的人必须熟练掌握透视学的知识和透视作图的方法。从事以上行业的设计人员在进行设计构思时，经常是利用快捷、简练的表现手法进行推敲和探索，逐渐使设计臻于完美。

"快捷"，根本来自于对透视知识的熟练掌握。熟练掌握了这门严谨的科学工具，在设计过程中，就能游刃有余地捕捉、追踪并激发快速运转的创造性思维，开启设计者心智，挖掘其更多的内在潜能，更好地为设计服务。

三、透视的相关概念

透视的相关概念有透视、透视图、透视现象、透视学。

透视，简言之即透而视之。当人们站在玻璃窗内用一只眼睛看室外的景物，并把看到的形象准确地画在玻璃板上时，所构成的投影图称为透视投影图，简称透视图。

由于观察景物的距离远近不同，方位不同，在我们视觉上产生不同的反映，这种有规律的"近大远小"的视觉现象，就是透视现象。研究这种现象及其规律的学问，就是透视学。

第二节　透视法则与透视规律

一、透视原理与透视法则

1.透视原理

人的眼睛观看物象,是通过瞳孔反映于眼睛的视网膜上而被感知的。看远近距离不同的相同物象,其中距离愈近的在视网膜上的成像愈大,距离愈远的在视网膜上的成像愈小。

2.透视法则

(1) 同体积的物体,给人的感觉是"近大远小";同长度的线段,给人的感觉是"近长远短"。

(2) 凡平行于画面的平行线(垂直原线、水平原线、倾斜原线)无消失变化。

(3) 凡与画面不平行而成一定角度的平行线都会产生"近宽远窄"而最后汇集到同一灭点(即消失)的透视现象。

"一叶障目,不见泰山"、"窗含西岭千秋雪,门泊东吴万里船",正是"近大远小"透视现象很好的写照。

二、常用术语与基本概念

(1)视点(EP):作画者眼睛的位置。

(2)站点(SP):又称足点、立点。是作画者站立在某点不动而画之意,也是视点对基面的垂直落点。

(3)视高(H):从视点到站点的高度为视高。视高通常是指视平线的高度位置,即视平线与基线的距离。

(4)画面(PP):即垂直面。它是视点与物体之间假设的一个透视平面,它与基面(GP)垂直。

(5)基面(GP):即地面或水平面。它是放置物体的水平面或作画者所站立的水平面。

(6)基线(GL):画面与基面的交线(画面底线)。

(7)基点:从视中心(心点)垂直向下与画面底线(基线)相交的点。

(8)足线(FL):从站点(SP)到物体在地面上的投影点的连线。

(9)视线:视点与物体间的连线。

(10)视中线(CVR):又称中央视线或主视轴。即视点与心点的连线。

(11)视平线(HL):即地平线。视平线必定通过视中心(心点),是与视点同高的一条水平线(HL)。也就是视平面(即过视点的水平面)与画面的交线。

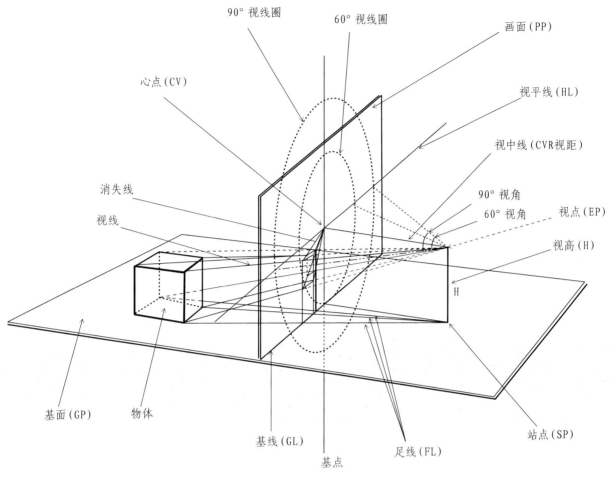

图2-4 常用术语与基本概念

（12）视距：视点与画面的垂直距离，也是视点到心点的距离或心点到两边距点（DL、DR）的距离。

（13）心点（CV）：又称主点。指画者的眼睛正对着水平线上的一点，相当于视中线与视平线的交点。它是视点对着画面的垂直落点（正投影点），也是视圈的中心点。心点消失线消失于心点。

（14）距点（DL、DR）：又称距离点。它位于心点两侧的视平线上，是视距的标点，也就是说，距点到心点的距离等于视点到心点的距离。距点分为左距点（DL）和右距点（DR）。距点消失线消失于距点。

（15）余点（VL、VR）：视平线上除心点和距点以外的其他灭点。是立方体成角透视的消失点，分为左余点（VL）和右余点（VR）。余点消失线消失于余点。

（16）天际点（UP）：又称天点。是位于视平线以上的近低远高倾斜线——天点消失线的灭点。

（17）地下点（DP）：又称地点。是位于视平线以下的近高远低倾斜线——地点消失线的灭点。

(18)视域：又称正常视域。它是人眼正常观察的最佳范围，即视觉的安定区域。（指视角为60°时，人的眼睛所能看到的正常空间范围。）如果作图超出视域范围，画出的透视图就会产生失真现象。

(19)视锥：视点与视域形成的空间圆锥。

(20)视角：视锥正剖面的夹角，正常视角约为60°。（将物象置于60°角的视角范围以内，可以一眼看完全物象，所以作画通常采用60°视角。）

(21)视线圈：视锥被画面截断，在画面上所获得的圆圈视域范围（如60°视线圈，90°视线圈）。

(22)原线：指不产生消失变化的线。原线都是平行于画面的线，包括垂直原线、水平原线和倾斜原线。所有的原线，均在视觉上呈现原有的状态，只有近长远短的透视变化，无消失变化。

(23)变线：指产生消失变化的线，即消失线。包括心点消失线（即与地面平行、与画面垂直的直线）、距点消失线（即与地面平行、与画面成45°角的倾斜线）、余点消失线（即与地面平行、与画面成非45°角的倾斜线）、近低远高倾斜的天际点消失线和近高远低倾斜的地下点消失线（即与地面、画面均倾斜的线）。所有互为平行的变线，均在视觉上呈现愈远愈窄并最终汇集于一点（消失点）的透视现象。

(24)灭点：又称消失点。它是变线透视消失汇集点的总称。它包括心点、距点、余点、天际点和地下点。

三、透视规律（二组三类八种直线及其透视规律）

表2-1　二组三类八种直线及其透视规律

组类	种	名称	与画面的关系	与基面的关系	消失状况
第一组　原线——与画面平行且本身互相平行的直线					
第一类 不消失	1	水平原线	与画面平行	与基面平行	无灭点，不消失，保持水平
	2	垂直原线	与画面平行	与基面垂直	无灭点，不消失，保持垂直
	3	倾斜原线	与画面平行	与基面倾斜	无灭点，不消失，保持倾斜
第二组　变线——与画面不平行（成一定角度）而本身互相平行的直线					
第二类 水平 消失	4	心点消失线	与画面垂直	与基面平行	消失于心点（CV）
	5	距点消失线	与画面成45°角	与基面平行	消失于距点（DL、DR）
	6	余点消失线	与画面成非45°角	与基面平行	消失于余点（VL、VR）
第三类 倾斜 消失	7	天点消失线（近低远高倾斜线）	与画面不平行	与基面不平行	消失于天际点（UP）
	8	地点消失线（近高远低倾斜线）	与画面不平行	与基面不平行	消失于地下点（DP）

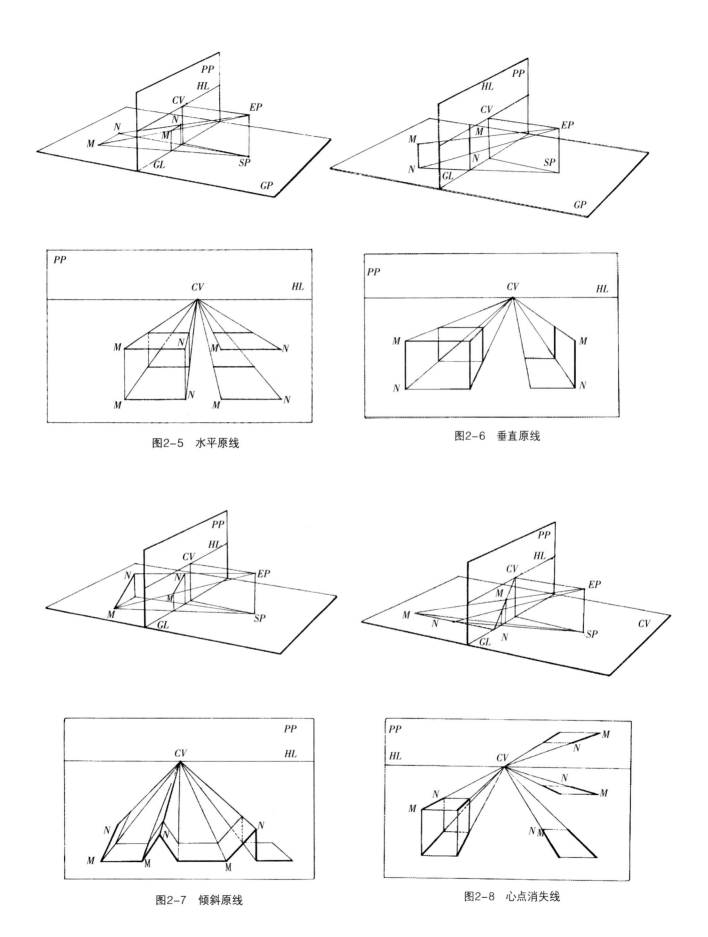

图2-5 水平原线

图2-6 垂直原线

图2-7 倾斜原线

图2-8 心点消失线

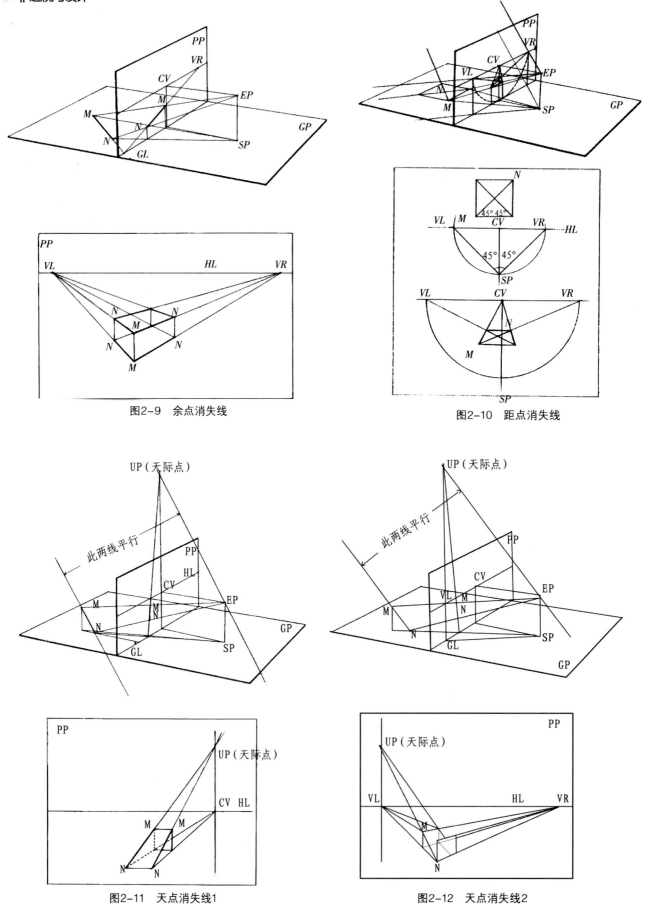

图2-9　余点消失线

图2-10　距点消失线

图2-11　天点消失线1

图2-12　天点消失线2

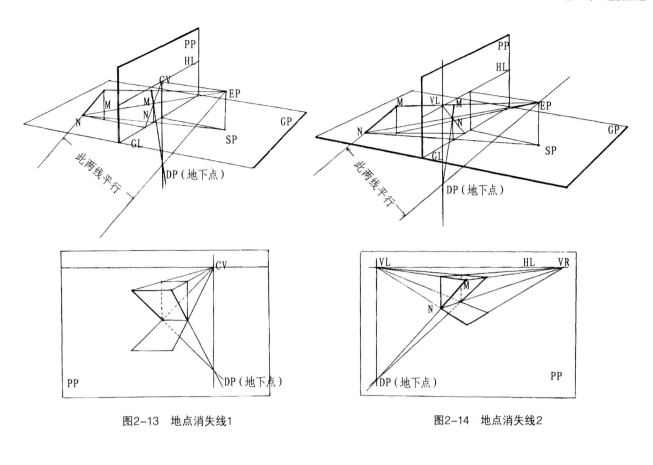

图2-13 地点消失线1   图2-14 地点消失线2

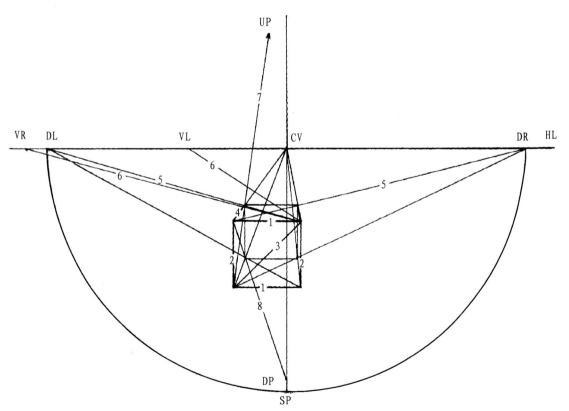

图2-15 正方体上的八种直线及其透视规律（图中数字1~8对应表2-1中的直线）

四、透视的分类:一点透视、二点透视、三点透视

(一)一点透视(又称平行透视、心点透视)

立方体的三棱直线中,有两组棱线(即水平原线和垂直原线)与画面平行,为原线。只有一组直线(心点消失线)与画面垂直,为变线,且消失点于心点(CV)。这种只有一组棱线(心点消失线)消失于心点的透视现象被称为一点透视(又称平行透视、心点透视)。

一点透视表现范围广,纵深感强,适合表现庄重、严肃、安静的空间。缺点是比较呆板。由于一点透视横向没有透视消失现象,画面给人以稳定、平静的感觉,适用于作室内效果图。

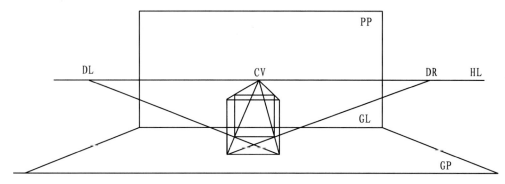

图2-16 一点透视原理分析图

(二)二点透视(又称成角透视、余点透视)

立方体的三组棱线中,只有一组棱线(即垂直原线)与画面平行,另外两组棱线(距点消失线或余点消失线)与画面相交,为变线,两变线的灭点均在视平线上。这种具有两个消失点(两个距点DL、DR或两个余点VL、VR)的透视现象被称为二点透视(又称成角透视、余点透视)。二点透视包括距点透视和余点透视两种。

二点透视图面效果比较自由、活泼、优美,反映的空间比较接近于人的真实感觉,且立体感强,比较适用,在透视图中应用最广。缺点是,若角度选择不好,图面容易产生变形。由于通常我们可以同时看到建筑物的两个面(正面和侧面),所以通常都是用二点透视作建筑效果图。

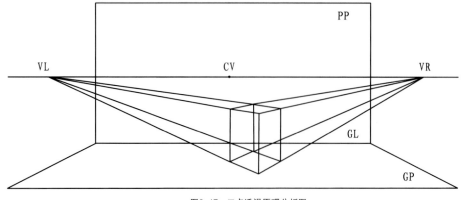

图2-17 二点透视原理分析图

（三）倾斜透视

物体自身存在的倾斜面（如楼梯、人字屋顶、斜坡等），它既不平行于画面，也不平行于地面，所产生的透视现象叫做倾斜透视。

倾斜透视分为平行倾斜透视和成角倾斜透视两大类。平行倾斜透视是指只有两个消失点，一个是视平线上的心点（CV），另一个是视平线外的天点（UP）或地点（DP）；成角倾斜透视三个消失点，在视平线上有两个成对的距点（DL、DR）或余点（VL、VR），另一个是视平线外的天点（UP）或地点（DP）。成角倾斜透视又称为"三点透视"。平行倾斜透视和成角倾斜透视又都有仰视和俯视之分。仰视倾斜透视称为天点透视。仰视倾斜透视图称为"虫视图"；俯视倾斜透视称为地点透视。俯视倾斜透视图称为"鸟瞰图"。如：由于建筑物上竖向的平行线，当仰视时，会向上倾斜消失于天点（UP）；当俯视时，会向下倾斜消失于地点（DP）。

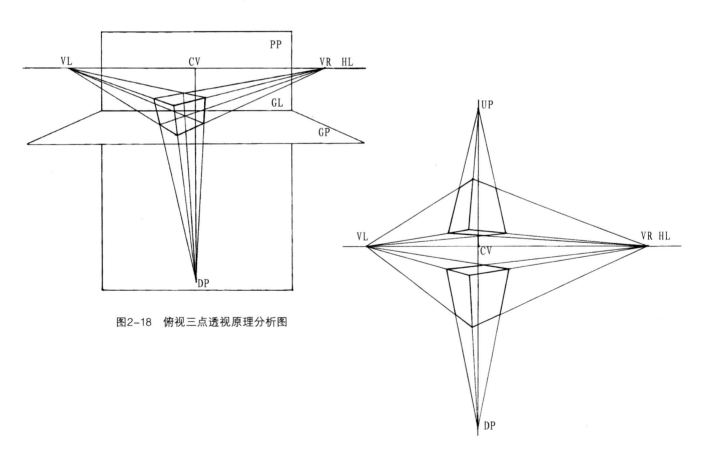

图2-18　俯视三点透视原理分析图

图2-19　三点透视原理分析图（上：仰视；下：俯视）

第三节　透视作图方法

一、视线法

（一）视线法作图的优缺点

1. 视线法作图的优点

视线法是透视法中最基本的也是最古老的透视作图法。它是通过空间物体上的各点作连接视线，求出视线与画面的交点，然后连接这些交点所得的物体的透视图像法。由于这种方法是由透视原理直接经几何作图分解演变而来，所以开始先学习这种方法，能够有助于我们理解透视原理，消解对透视图法的陌生感和畏惧心理。

视线法的优点是条理清晰，推理感强。

2. 视线法作图的缺点

视线法的缺点在于作图时图面上要首先画出物体的平面图和立面图，既费时又使图面上真正用于绘制透视图形的有效面积不多，而且，视线在连接和转移时误差较大，很难画出复杂的图形。

（二）视线法有距点法、足线法、简省足线法等几种透视图法

1. 距点法

距点法是透视作图法中比较简捷的一种方法。

在透视作图中，一般距点用D表示，距点到心点的距离等于视点到心点的距离，并投影在视平线上，位于心点的左侧（即左距点DL）或右侧（即右距点DR）。

如何确定左右距点？

先定出视平线HL、心点CV、基线GL，根据需要确定视点SP，并以CV为圆心，CV-SP为半径画圆弧，交视平线于DL、DR二点，DL、DR二点为透视图的左右距点。

距点法作图

（1）距点法求作透视点：该透视点为心点消失线和距点消失线的交点（见图2-20）。

已知：基面上任意点c。

求作：c点的透视点C。

作图：

①在画面PP上方，定基面上任意点c。

②由c点作c在基线GL上的投影点C0′。

③由c点作c在画面PP上的投影点C0，并以C0为圆心、C0-c为半径画弧，与画面PP交于c′。由c″点作c″在基线GL上的投影点C′。

④连接距点消失线C′–DL及心点消失线C0″–CV，二线相交于C，则C点为所求c点的透视点。

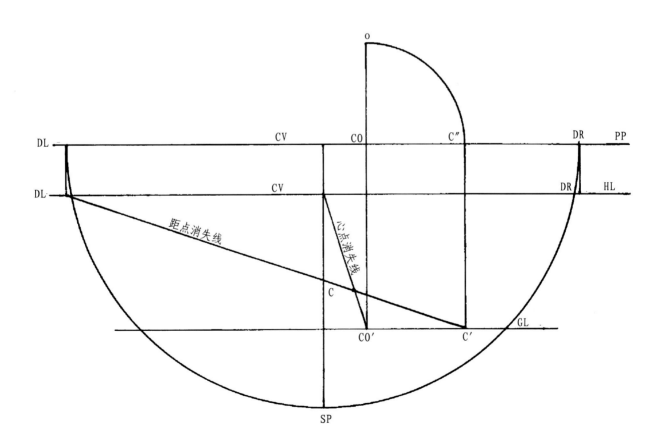

图2-20　距点法求作透视点

（2）距点法求作透视立方体（见图2-21）。

① 先将立方体立面放置于基线GL上。

② 将立方体立面各点与心点CV连线（心点消失线）。

③ 设定立方体侧立面长度尺寸为A-B，连接距点消失线B-D，与心点消失线CV-A相交于点F，A-F就是所求该立方体的透视进深长度。

④ 最后分别作垂直线、水平线完成立方体的距点法透视作图。

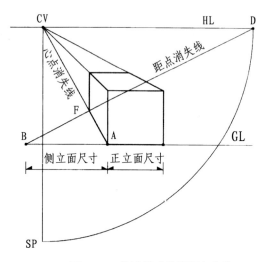

图 2-21　距点法求作透视立方体

2. 足线法

从站点（SP）到物体在地面上的投影点的连线称为足线。利用足线作透视图的方法称为足线法。

足线法作图

（1）足线法求作透视点：该透视点为心点消失线和站点投影线（足线）的交点（见图2-22）。

已知：基面上任意点d。

求作：d点的透视点D。

作图：

① 首先设定点d与画面PP的关系，并选定站点SP的位置。

② 在站点SP与画面PP之间定出基线GL和视平线HL的位置（基线GL和视平线HL的距离按视高的要求而定）。

③ 将d点置于画面PP上方。由d点作下垂投影线，与基线GL相交于d′点。

④ 由d点向站点（足点）SP连线，与画面PP交于D′点。并由D′点作下垂投影线（站点投影线）。

⑤ 由基线GL上的d′点向心点CV作心点消失线d′—CV，与D′点的下垂投影线（即站点投影线）相交于D点。D点即为d点的透视点。

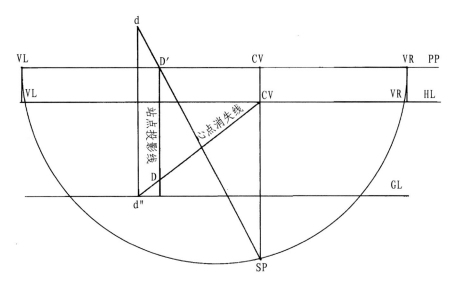

图2-22 足线法求作透视点

（2）足线法求作透视面（见图2-23）。

已知：平面图abcd。

求作：平面图abcd的透视图。

作图：

①首先设定矩形平面图abcd与画面PP的关系，并选定站点SP的位置。

②在站点SP与画面PP之间定出基线GL和视平线HL的位置（基线GL和视平线HL的距离按视高的要求而定）。

③由a点作下垂投影线，与基线GL相交于A点。

④按足线法求透视点的方法分别求出b、c、d三点的透视点B、C、D。

⑤连接A、B、C、D四点，ABCD即为平面abcd的透视图。

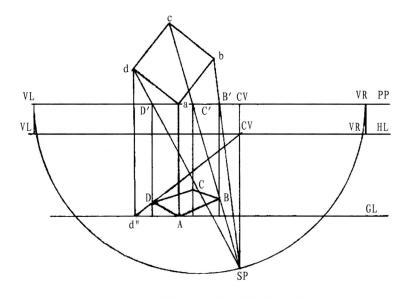

图2-23 足线法求作透视面

（3）足线法求作透视体（两点透视作图）（见图2-24）。

已知：平面图abcd，其立面真高为h。

求作：立方体的透视图。

作图：

① 首先按求作透视平面的方法求出矩形平面abcd的透视平面图ABCD，过A作A–A″ =h。

② 过A″点作余点消失线A″–VL、A″–VR，分别与D′、B′二点的下垂投影线（即站点投影线）相交于D″、B″点。

③ 连接余点消失线B″–VL、D″–VR，二线相交于C″点（亦与C′点的下垂投影线相交）。连接A″、B″、C″、D″，就求出了立方体的透视图。

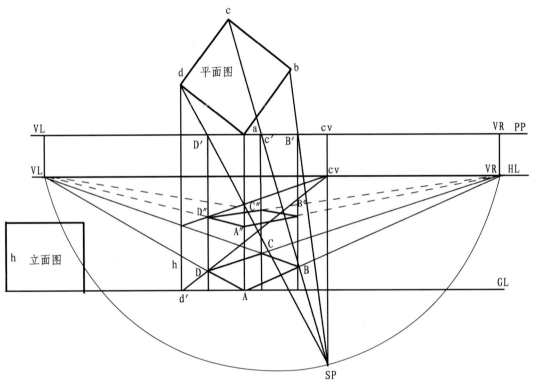

图2-24　足线法求作透视形体

（4）足线法作立方体（一点透视作图）（见图2-25）。

① 将平面图安置于画面PP的前方，确定视平线HL及心点CV位置，并从CV引垂直线定出足点SP，SP-CV为视中线，根据表现的需要确定基线GL。

② 分别过a、d两点作垂直线与基线GL相交于A1、D1，连接A1-CV、D1-CV，将平面图a、b、c、d各点与足点SP作连线，与画面PP所得交点引垂直线分别与A1-CV、D1-CV相交，得A、B、C、D四点，连接B-C、A-D，所得点A、B、C、D即为透视之后的平面图各点在地面的投影。

③ 从基线上引真高线与A1、D1二点的垂直线相交于A2、D2，过A2、D2二点向CV作心点消失线与A、B、C、D的垂直线相交于A3、B1、C1、D3各点，连接B1-C1、A3-D3线段，即完成立方体的透视作图。

（5）足线法简捷作图法（见图2-26）。

为了作图方便快捷，我们在运用足线法作图时，把平面图的一条边线直接安置在画面PP上，作图步骤与上面方法一样，只是基线上的真高线即是透视立方体的一组边线，使作图方法更简洁明了。

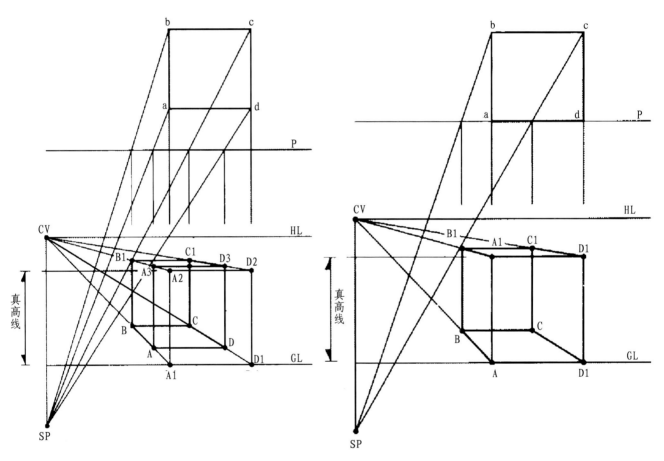

图2-25　足线法作立方体（一点透视作图）　　　　图2-26　足线法作立方体简捷作图法（一点透视作图）

3. 简省足线法

（1）简省足线法求作透视点：透视点为心点消失线和站点投影线的交点（见图2-27）。

已知：基面上任意点a。

求作：a点的透视点A。

作图：

① 根据需要确定视平线HL、基线GL、心点CV和站点SP的位置。

② 由a点作a–a′ 垂直于基线GL, 并与基线GL相交于a′ 。

③ 连心点消失线a′ –CV并延长。

④ 连站点投影线a–SP并延长。

⑤ 心点消失线a′ –CV的延长线与站点投影线（足线）a–SP的延长线相交于A, 则交点A为a点的透视点。

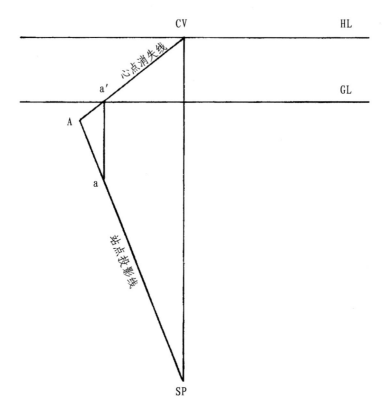

图2-27　简省足线法求作透视点

（2）简省足线法求作透视面（一点透视作图）（见图2-28）。

已知: 平面图abb′ a′ 。

求作: 平面图abb′ a′ 的透视图。

作图:

① 根据需要确定视平线HL、基线GL、心点CV和站点SP的位置。

② 将平面图abb′ a′ 的一条边a′ –b′ 与基线GL重合。

③ 按简省足线法求作透视点的方法分别求出a、b的透视点A、B。

④ 连接a′ 、b′ 、B、A四点, 则a′ b′ BA即为所求透视面。

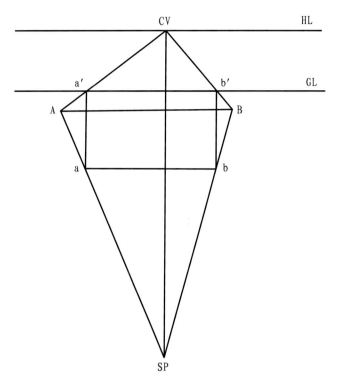

图2-28 简省足线法求作透视面（一点透视作图）

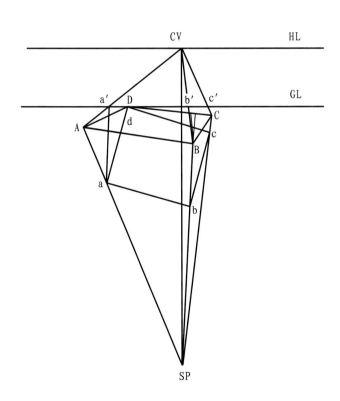

图2-29 简省足线法求作透视面（两点透视作图）

（3）简省足线法求作透视面（二点透视作图）（见图2-29）。

已知：平面图abcd。

求作：平面图abcd的透视图。

作图：

① 首先设定矩形平面图abcd与画面PP的关系，并选定站点SP的位置。

② 在站点SP与画面PP之间定出基线GL和视平线HL的位置（基线GL和视平线HL的距离按视高的要求而定）。

③ 按简省足线法求作透视点的方法分别求出a、b、c三点的透视点A、B、C（d点与D点为基线上重合的同一点）。

④ 连接A、B、C、D四点，则平面ABCD即为平面abcd的透视平面图。

（4）简省足线法求透视空间——由内向外（一点透视作图）（见图2-30）。

已知：矩形平面abcd为5m×6m，立面高h为3m。

求作：矩形平面5m×6m，高3m的室内空间透视图。

作图：

①按求作透视面的方法，求出矩形平面abcd的一点透视图abCD。

②过C、D作垂直线C-F、D-E。

③将立面图abc′d′置于基线GL上，并连心点消失线CV—c′、CV—d′，分别与C-F、D-E交于F、E二点。

④连接E、F，即完成一点透视空间的透视作图。

（5）简省足线法求透视空间——由外向内（一点透视作图）（见图2-31）。

已知：矩形平面abcd为4m×6m，立面高h为3m。

求作：矩形平面5m×6m，高3m的室内空间透视图。

作图：

①按求作透视面的方法，求出4m×6m矩形平面abcd的一点透视图abCD。

②过a、b、C、D作垂直线，并使C-F=D-E=h（3m）。

③连心点消失线CV—E、CV—F，分别与过a、b的垂直线交于d′、c′二点。

④连接c′、d′二点，即完成该室内空间透视图。

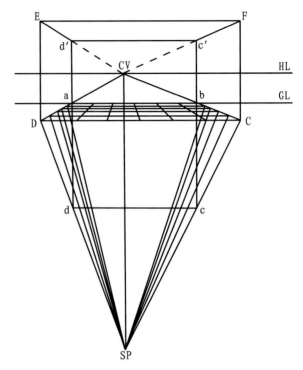

图2-30　简省足线法求作一点透视空间（从内向外）

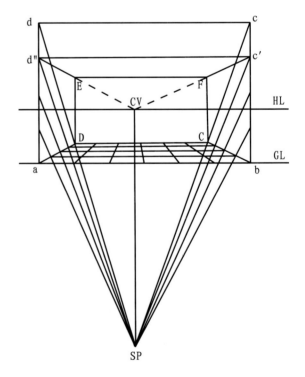

图2-31　简省足线法求作一点透视空间（由外向内）

二、测点网格法

（一）测点网格法作图的优缺点

测点网格法的优点是依照几何图法求作的左、右两个测点，代替了视线法中必须在图面上出现的平面图和立面图，只需根据设计上要求的长、宽、高尺寸直接求作透视图。它比较视线法更为简便、准确。测点网格法的应用范围非常广泛，应用测点网格法可以画出各种复杂的透视图形。由于这种方法为建筑师们长期使用，故又称建筑师法。

测点网格法的缺点仍然是左、右两个灭点和站点往往在图板以外，图幅越大，灭点和站点在图板外的位置越远。有时不得不使用钉子固定灭点的位置，以细绳连线作图，很麻烦。

（二）测点网格法作图

1. 测点法求作透视点：该透视点为左测点消失线和右余点消失线的交点（或为右测点消失线和左余点消失线的交点）

（1）求测点的方法（见图2-32）。

①根据需要画出画面PP、视平线HL、基线GL的位置，并在画面PP上画出心点CV′、距点VL′和VR′。

②从心点CV′作画面PP的垂直线，并在垂直线上确定站点SP（SP位于以VL′—VR′为直径的半圆上）。

③在画面PP上分别以VL′—SP和VR′—SP为半径，以VL′、VR′为圆心画弧与画面PP相交于ML′、MR′，ML′、MR′即为画面上左右二测点。

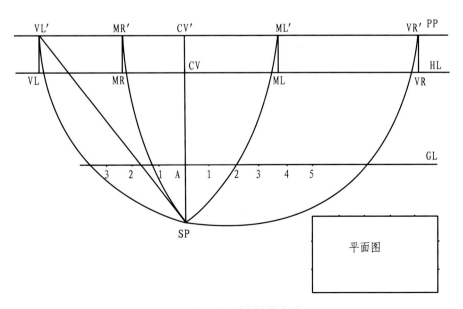

图2-32　求测点的方法

④然后，将画面上的VL′、VR′、ML′、MR′引下垂投影线至视平线HL上，则VL、VR为视平线HL上左右二余点，ML、MR为视平线HL上左右二测点。

（2）求测点的简省法（见图2-33）。

①根据需要画出画面PP、视平线HL、基线GL的位置，并在画面PP上画出心点CV′、距点VL′和VR′。

②从心点CV′作画面PP的垂直线，并在垂直线上确定站点SP。

③过站点SP作两条灭点消失线SP—VR′和SP—VL′（其中SP—VL′为图面不可达灭点消失线，SP—VR′和SP—VL′成垂直关系）。

④在视平线HL和基线GL之间作一条水平线，它与两条灭点消失线SP—VR′和SP—VL′相交于F、E二点。

⑤以E—F为直径画半圆，与视中线SP—CV′相交于G点。

⑥分别以E、F为圆心，以E—G、F—G为半径画弧，分别与E—F相交于M1、M2两点。

⑦连接M1—SP、M2—SP并延长，与画面PP相交于ML′、MR′，再将画面PP上的各点引下垂投影线，在视平线上求得ML、MR二测点。

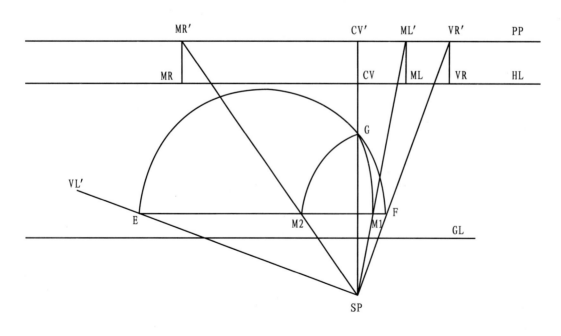

图2-33　求测点的简省法

2.测点网格法求作透视面（见图2-34）

已知：矩形平面图abcd（3m×5m）。

求作：矩形平面图abcd的透视图。

作图：

①根据需要画出画面PP、视平线HL、基线GL的位置，并在画面PP上画出心点CV′和余点VL′、VR′。并从各点引下垂投影线，在视平线HL上求得心点CV和余点VL、VR。

②从心点CV′作画面PP的垂直线，并在垂直线上确定站点SP（SP位于以VL′-VR′为直径的半圆上）。

③求测点：先在画面PP上分别以VL′−SP和VR″′−SP为半径，以VL′、VR′为圆心画弧，与画面PP相交于ML′、MR′，ML′、MR′即为画面PP上左右二测点。然后引下垂投影线，在视平线HL上求得ML、MR左右二测点。

④连余点消失线A−VL、A−VR，它们和测点消失线ML−左3、MR−右5两组线分别相交于B、D二点。

⑤再连余点消失线B−VL、D−VR，二线相交于C，连接A、B、C、D，从而求出矩形平面图abcd的透视图ABCD。

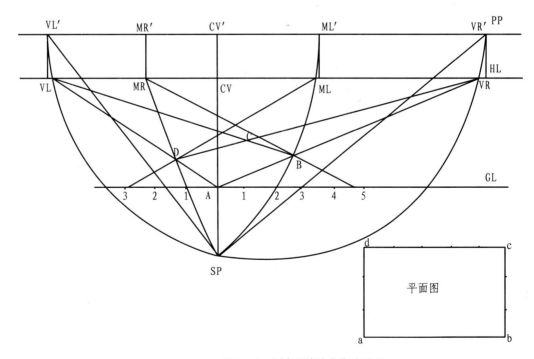

图2-34　测点网格法求作透视面

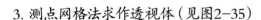

3. 测点网格法求作透视体（见图2-35）

已知：平面图abcd立面高为h。

求作：平面图abcd的立方体透视图。

作图：

①按测点网格法求作透视面的方法，求出矩形abcd的透视图ABCD。

②过A点作垂直线并截取高h，得A′点。

③连接余点消失线A′–VL、A′–VR。

④分别过B、D作垂直线，与余点消失线A′–VL、A′–VR相交于D′、B′二点。

⑤连接余点消失线B′–VL、D′–VR，二线相交于C′，连接A′、B′、C′、D′点及A—A′、B—B′、C—C′、D—D′各垂直线，这样求出的透视立方体即为所求平面图abcd的立方体透视图。

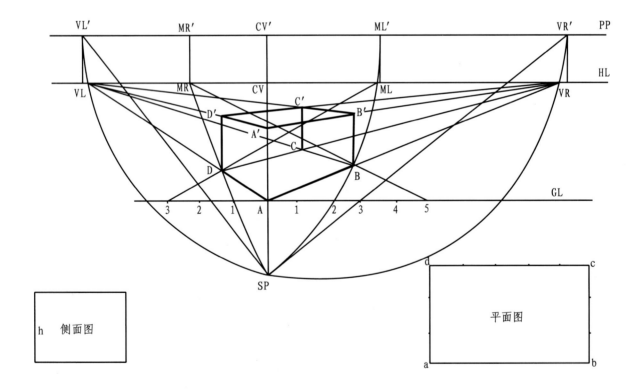

图2-35　测点网格法求作透视体

三、圆的透视作图方法

（一）平行透视中圆面透视原理与绘制方法

1. 圆的透视特点

（1）平行于画面的圆面，圆不发生透视形状变化，保持原状，在保持原状的基础上只发生近大远小的透视变化。

（2）垂直于画面（平行于基面）的圆面的透视形状，在60°视域范围内为椭圆形，椭圆形的周边弧度，随着该椭圆形的外接正方形的透视变化而变化。

（3）由于观察圆面的位置和角度不同，圆面会呈现不同的形状。如：从正面看，视线与圆面垂直，圆呈正圆形；从正侧面看，视线与圆面擦过，圆呈直线；从斜面看，视线与圆面倾斜，圆呈椭圆状。透视图中的画圆是非常简单的，只要知道"方中找圆"即可。也就是说圆内切于正方形，使圆周线与正方形的四边中心点相切。因此只需要画出正方形的透视角度，再在正方形内找到相应的圆形关系点连接，即可得圆面的透视图形。

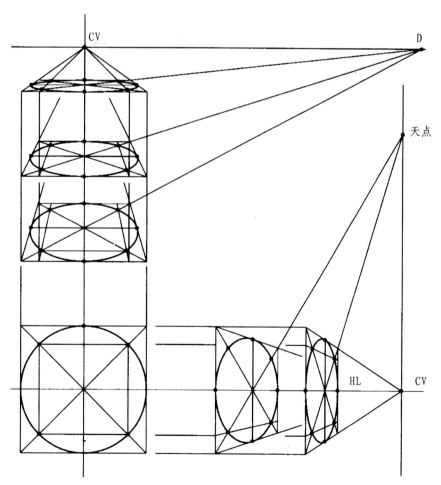

图2-36 圆面的透视特点之一

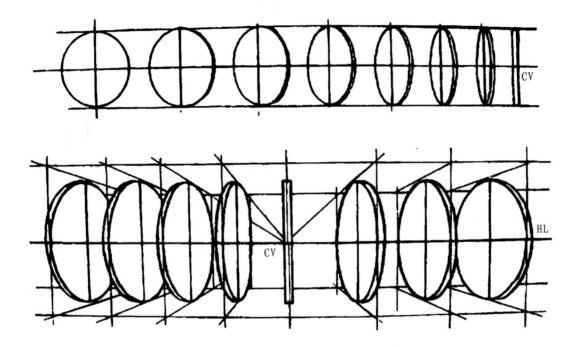

图2-37　圆面的透视特点之二

2. "八点法"画透视圆

利用圆的外切正方形：几何圆形可利用正多边形切出，透视圆的作图同样需借助于外切正方形作图。

（1）利用圆的外切正方形求"八点"方法之一（见图2-38）。

作图：

① 由正方形ABCD画正方"田"字得到点1、2、3、4。

② 连1-2与正方形的对角线A-C相交于F。

③ 连4-F并延长，与A-B相交于E。

④ 连E-D与正方形的对角线A-C相交于点5。

⑤ 以点5为基础作5-6平行于A-B，作5-8平行于A-D，与对角线B-D分别相交于点6和点8；再作7-6平行于C-B，作7-8平行于C-D，与对角线A-C、

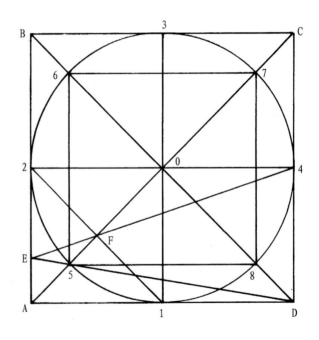

图2-38　利用圆的外切正方形求"八点"方法之一

B-D相交于点7和点8。则点1、2、3、4、5、6、7、8即为所求之八点。

（2）"八点法"画透视圆作图方法之一（见图2-39）。

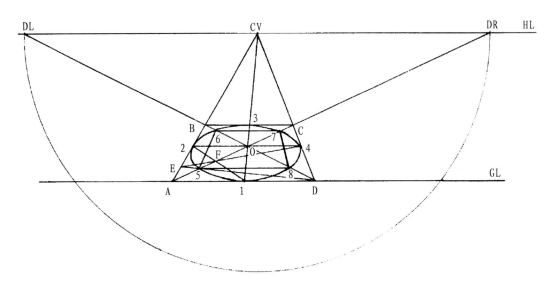

图2-39 "八点法"画透视圆作图方法之一

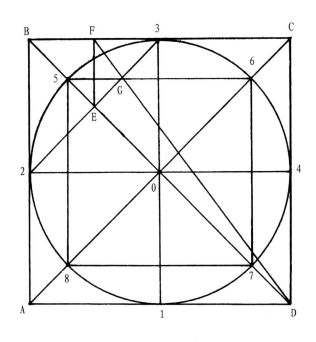

图2-40 利用圆的外切正方形求"八点"方法之二

作图：

①先作出圆的外切正方形的透视形ABCD。

②按求"八点"的方法之一求出透视外切正方形的八点。

③再将八点光滑连接成透视椭圆。

（3）利用圆的外切正方形求"八点"方法之二（见图2-40）。

作图：

① 由正方形ABCD画正方"田"字得到点1、2、3、4。

② 连接3-2与正方形的对角线B-D相交于E。

③ 作E-F平行于A-B和C-D，与C-B相交于F。

④ 连D-F，与点2、3的连线2-3相交于G。

⑤ 过G作5-6平行于B-C，分别与对角线B-D相交于点5，与对角线A-C相交于点6。再作5-8平行于A-B，与对角线A-C相交于点8。作6-7平行于C-D，与对角线B-D相交于点7。则点1、2、3、4、5、6、7、8即为所求之八点。

（4）"八点法"画透视圆作图方法之二（见图2-41）。

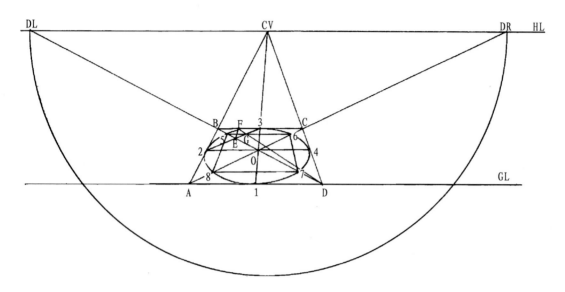

图2-41 　"八点法"画透视圆作图方法之二

作图：

① 先作出圆的外切正方形的透视形ABCD。

② 按求"八点"方法之二，求出透视外切正方形的八点。

③ 再将八点光滑连接成透视椭圆。

（5）利用圆的外切正方形求"八点"方法之三（见图2-42）。

作图：

① 由正方形ABCD画正方"田"字得到点1、2、3、4。

② 在正方形的A-D边上，以A-D边的四分之一点E为圆心，以A-E为半径画半圆。

③ 过E作A-1的垂直平分线，与半圆相交于F。

④ 以点1为圆心，以1-F为半径画半圆，交A-D于G、G′两点。

⑤ 过点G、G′分别作A-B的平行线5-6、7-8，分别与对角线A-C相交于点5、点7，与对角线B-D相交于点6、点8。则点1、2、3、4、5、6、7、8即为所求之八点。

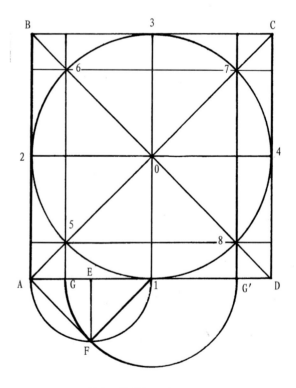

图2-42 　利用圆的外切正方形求"八点"方法之三

（6）"八点法"画透视圆作图方法之三（见图2-43）。

作图：

① 作出圆的外切正方形的透视形ABCD。

② 按求"八点"的方法之三求出透视外切正方形的八点。

③ 将所求出的八点光滑连接成透视椭圆。

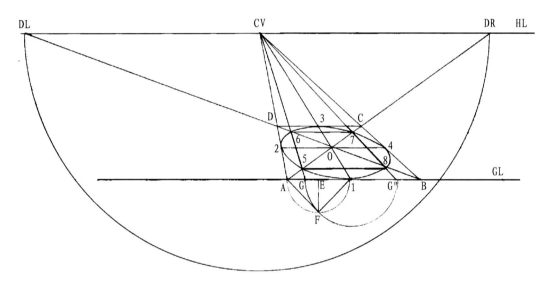

图2-43　"八点法"画透视圆作图方法之三

3. "十二点法"画透视圆

利用圆的外切正方形：几何圆形可利用正多边形切出，透视圆的作图同样需借助于外切正方形。

"十二点法"画圆形透视图方法（见图2-44、图2-45）。

作图：

① 圆内切于正方形，其切点为1、2、3、4。

② 连接切点1、2、3、4为圆内接正方形，它的四条边与圆外切正方形对角线相交得E、F、G、H四点。

③ 然后连接F-E、F-G、G-H、H-E并双向延长与圆外切正方形四边交得a、a′、b、b′、c、c′、d、d′点，形成四个靠边的1/4矩形。

④ 分别作各1/4矩形的对角线，分别与直角边相交得"5、6、7、8、9、10、11、12"八点。连同切点"1、2、3、4"四点共计十二点。

只要画出正方形透视图，通过其对应关系点连接即可求得透视圆。

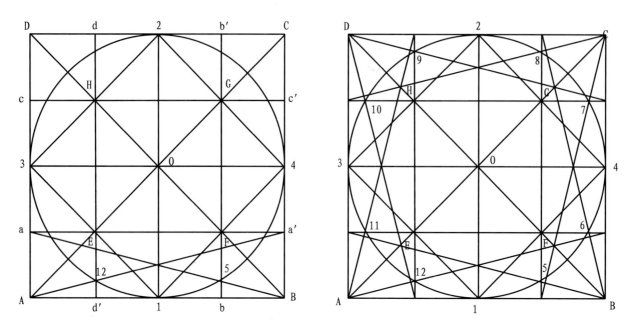

图2-44　利用圆的外切正方形求"十二点"

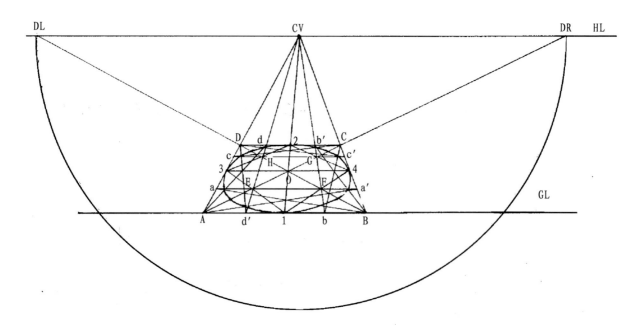

图2-45　"十二点法"画透视圆

四、透视图形的分割与增殖

透视图形的分割与增殖在效果图的绘制中起着十分重要的作用。透视图法为我们解决了手绘作图的基本框架。为了进一步制图，我们还必须学习并掌握透视图的分割与增殖的种种方法。

透视图的分割与增殖的方法取决于几何图形的分割与增殖的方法。

在几何图形中，对角线与对角线的交点、对角线与平行线的交点、水平平行线与垂直平行线的交点都是求取分割与增殖图的关键点。

（一）利用对角线求透视形体中心（对角面的对角线交点）

利用对角线等分：对角线的交点既是左右对称的中心点，又是旋转对称的中心点，还是形体的中心。

作图（见图2-46）：

①在形体的对角面abcd上，连对角线b-d、a-c得中点o，则o为所求形体的中心点。

②过点o作垂直线，此垂线即为形体的垂直中心轴线。

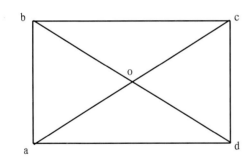

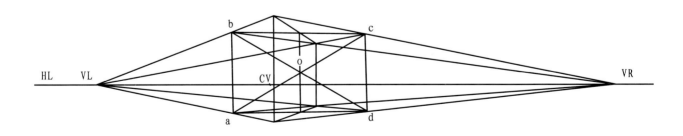

图2-46 利用对角线求透视形体中心

（二）利用平行线分割已知线段（几何线段、透视线段）

利用平行线分割已知几何线段：一组平行线可将任意两条直线分成比例相等的线段。我们可利用它解决透视作图中对线段进行有计划分割的问题。

1. 按比例分割平面几何线段A—F（见图2-47）

① 由A点出发任作一放射线，并在此线上标出实际比例A–b：b–c：c–d：d–e：e–f，定出b、c、d、e、f各点。

② 连接F–f，并过b、c、d、e作F–f的平行线e–E、d–D、c–C、b–B，则A–f：A–c＝A–F：A–C＝A–e：A–E；A–c：c–e：e–f＝A–C：C–E：E–F；C、E为线段A–F上的比例分割点。

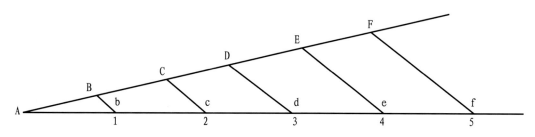

图2-47　用平行线按比例分割平面几何线段

2. 按比例分割几何平面ABCD和几何线段A–D（见图2-48）

① 由A点出发任作一放射线，并在A–d′线上标出实际比例A–b′：b′–c′：c′–d′，定出b′、c′、d′各点。

② 连接D–d′并过b′、c′二点作D–d′的平行线b–b′、c–c′，则A–b′：b′–c′：c′–d′＝A–b：b–c：c–D；b、c为线段A–D上的比例分割点。

③ 过b、c作垂直线，即可按比例分割平面ABCD。

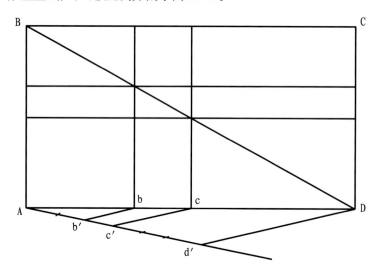

图2-48　按比例分割几何平面和几何线段

（三）利用对角线等分几何平面矩形

1.在方形（即矩形）ABCD上，通过画对角线的水平线和垂直线（包括其延长线）可增殖（缩减）出无数的相似方形。方形（包括长方形、正方形、扁方形）的对角线交点均为该方形的中心点（见图2-49）。

2.运用用这种对角线分割（增殖）方法，可根据需要对立方体透视图形进行任意分割或增殖。

（1）利用对角线可按比例分割已知透视面（正立面、侧立面）方法之一（见图2-50）。

① 作正方形ABCD的对角线A-C、B-D，二线相交于O。

② 连接O-C V，得中点消失线；中点消失线与C-D相交于E，连接B-E并延长，与A-D的延长线相交于F。

③ 过F作垂直线F-G，得一相等正方形CDFG。由此类推可无限增殖（或分割）。

在求出正立面透视图、侧立面透视图的透视分割点的基础上，再求平面图透视图的透视分割（增殖），就迎刃而解了。

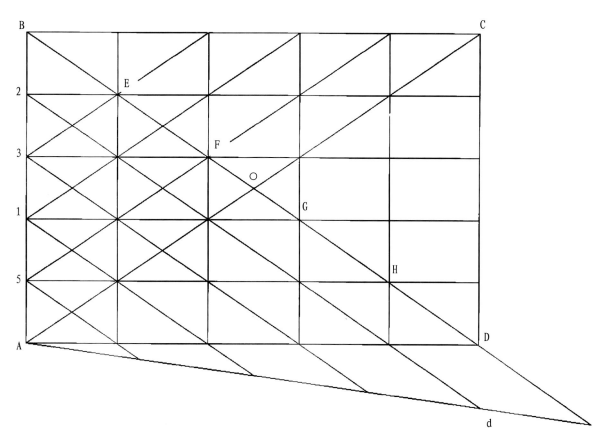

图2-49 对角线等分几何平面矩形

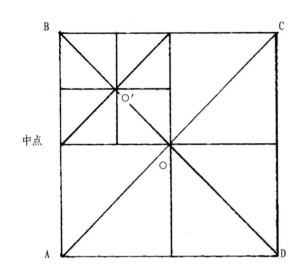

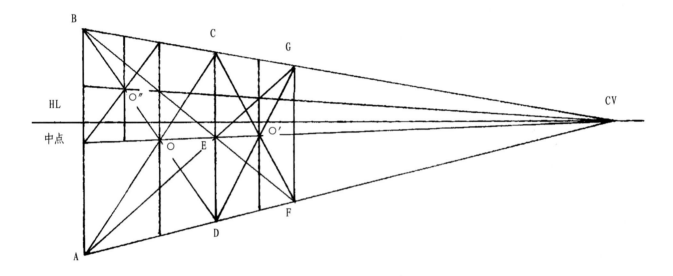

图2-50　利用按比例分割（增殖）已知透视面（正立面、侧立面）方法之一

（2）利用对角线可按比例分割已知透视面（正立面、侧立面）方法
之二（见图2-51）。

①作矩形ABCD的对角线B-D。

②用平行线按比例分割平面几何线段的方法分割A—B（或A—
D），得分割点b、c。

③连接余点消失线VR-b、VR-c，分别与对角线B-D相交于F、E
二点。

④过E、F作垂直线，即按比例分割已知透视面（正立面、侧立
面）。

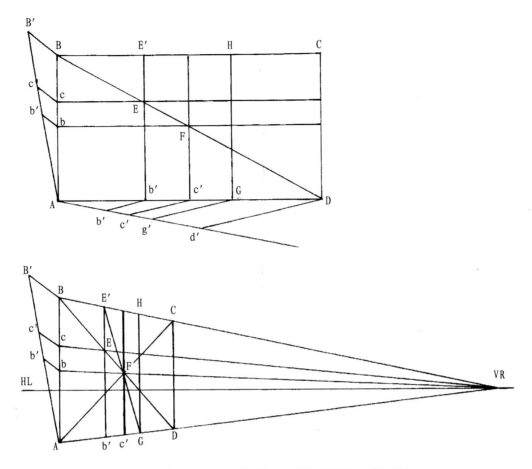

图2-51 利用对角线按比例分割（增殖）已知透视面（正立面、侧立面）

（3）利用中线、对角线作已知透视平面ABCD的轴对称和旋转对称透视平面（见图2-52、图2-53）。

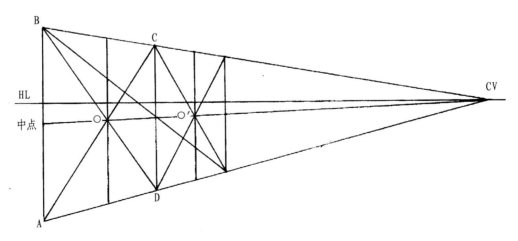

图2-52 利用中线、对角线作已知透视平面ABCD轴对称透视平面

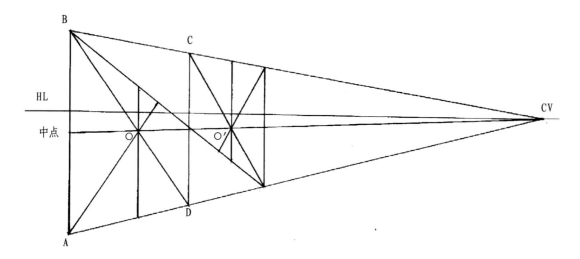

图2-53 利用中线、对角线作已知透视平面ABCD旋转对称透视平面

（4）利用中线作已知透视平面ABCD的相等透视平面。

方法一

作图（见图2-54）：

① 将A-B的中点R与灭点CV相连，交C-D于O。

② 连B-O并延长，交A-D的延长线于E，过E作垂直线E-F，透视平面CDEF即为所求透视平面。

③ 依此类推，可不断求得已知透视平面ABCD相等的透视平面。

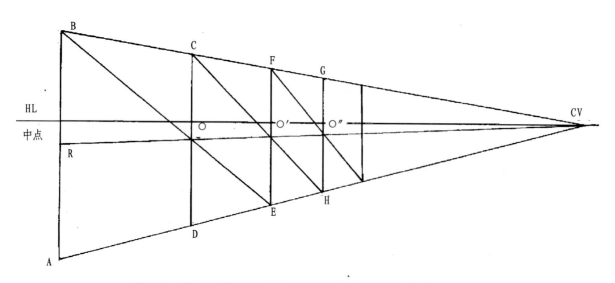

图2-54 利用中线作已知透视平面ABCD的相等透视平面方法之一

方法二

作图（见图2-55）：

① 取AB的中点R与灭点CV相连接，交C-D于O。

② 连A-O并延长，交B-C的延长线于F，过F作水平线F-E，交AD的延长线于点E，则CDEF为所求透视平面。

③ 连A-O并延长，交视平线HL于M，也可以用M求得与已知透视平面ABCD的相等的增殖透视平面。

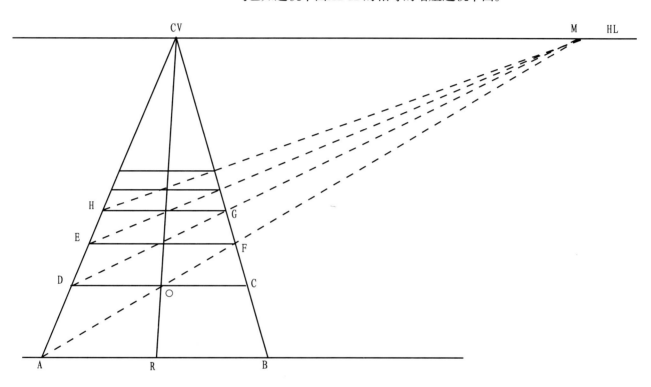

图2-55 利用中线作已知透视平面ABCD的相等透视平面方法之二

（5）利用辅助灭点分割已知透视面abcd（利用灭点等分，因为每组相互平行的线都有一个透视灭点）。

作图（见图2-56）：

① 过透视图中真高线上任意点b或b′作水平线b-i，并将立面的实际分割比例标在此线上，分割点分别为e、f、g、h。

② 连i-c，并将其延长交于视平线上一点M。点M为辅助灭点。

③ 再将M分别与点e、f、g、h连线，交b-c于e′、f′、g′、h′，即求得各分割点。然后分别过e′、f′、g′、h′作垂直线，即分割了已知透视面abcd。

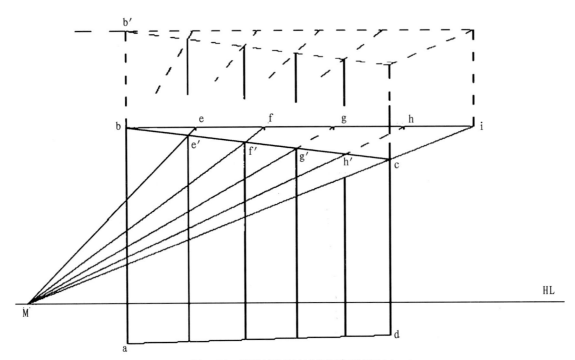

图2-56　利用辅助灭点分割已知透视面abcd

（6）利用辅助灭点、对角线增殖已知透视面ABCD（利用灭点等分，因为每组相互平行的线都有一个透视灭点）。

作图（见图2-57）：

① 过心点CV作垂直线，连接已知透视面ABCD的对角线A—C并延长，与过心点CV的垂直线相交于天点UP。天点UP为辅助灭点。

② 连天点消失线UP-D，与心点消失线CV-B相交于F。过F作垂直线F-E，即得与已知透视平面ABCD相等的透视平面CDEF。依此类推，可不断求得与知透视平面ABCD相等的增殖透视平面。

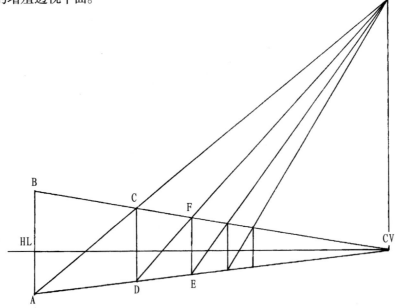

图2-57　利用辅助灭点、对角线增殖已知透视面ABCD

（7）求透视面上的任意倾斜线。

作图（见图2-58）：

① 连透视矩形abcd的对角线a–c和b–d，并在a–b边上量得对角线与倾斜线交点的高度，得e、f两点。

② 从e、f向灭点VR作直线与对角线a–c和b–d相交，其交点F、E的连线E″′–F″′就是所求的倾斜线。

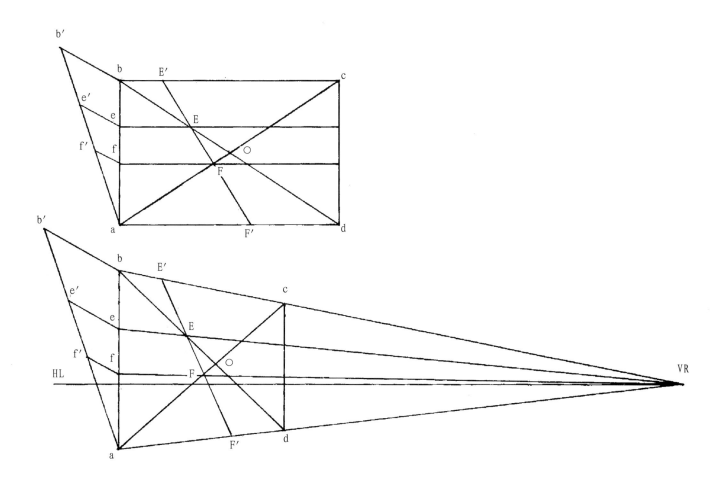

图2-58　求透视面上的任意倾斜线

五、平行互分法

利用平行互分法分割（增殖）透视图形（正立面透视图、侧立面透视图）。

（一）平行互分法原理

平行互分法是具有广泛实用价值的基本作图法。一般来说，物体轮廓总是包含很多组互相平行的线段。所以当求出透视轮廓图后，细部划分都可以用平行互分法直接进行互分。

平行互分法原理作为透视学的基本规律之一，即空间中的任意两条相互平行的直线的透视，可以互相以对方为辅助消失点线进行任意比例的分割。

运用平行互分法，可根据需要对立方体透视图形进行任意分割或增殖。

（二）平行互分法的具体方法（见图2-59）

（1）设A–B与A′–B′是空间中互相平行的两条线段的透视形态。

（2）为了对A′–B′进行透视分割，则从A′–B′线的一个端点（如B′点）引一条射线A0–B′平行于A–B。

（3）在射线A0–B′上，以B′为起点，用适当的比例量取被分割的各段实际尺寸（图为三等分）得端点A0。

（4）连接A0–A′并延长交A–B（或其延长线）于m点。

（5）由m点向线段A0–B′的分割点1、2、3引射线束，它们与A′–B″′的交点1′、2′、3′即为A′–B′的透视分割点。

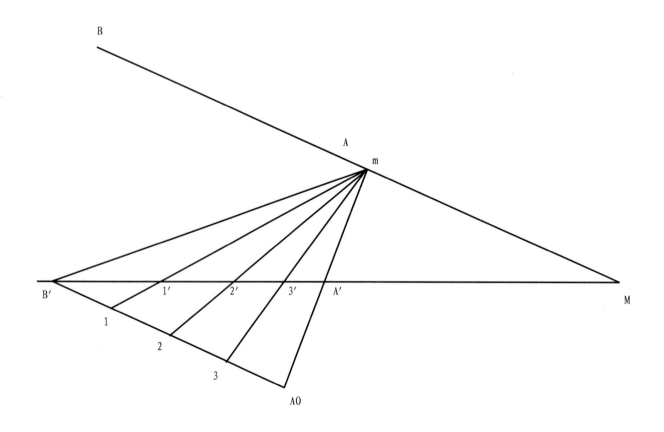

图2-59　透视直线平行互分法

图2-60至图2-62是几个平行互分法的实例。

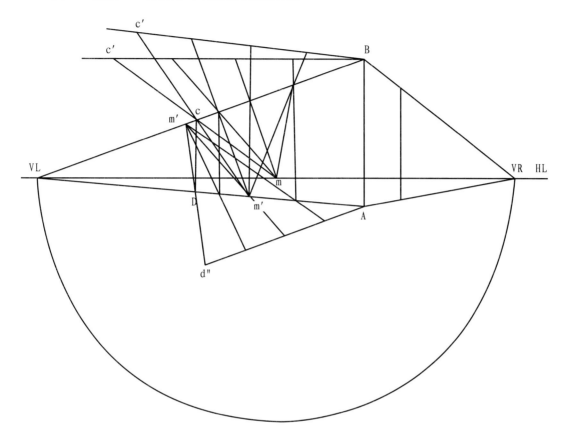

图2-60　实例1：对两点透视的建筑物进深的互分

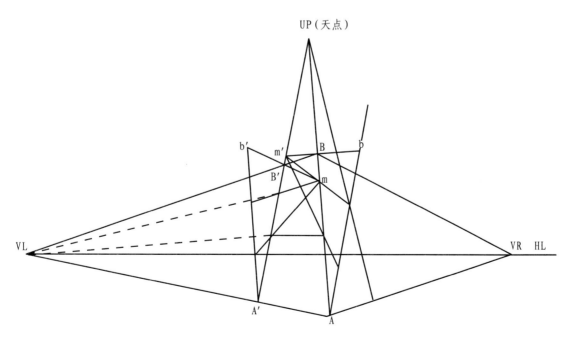

图2-61　实例2：对三点透视的建筑物进行楼层的互分

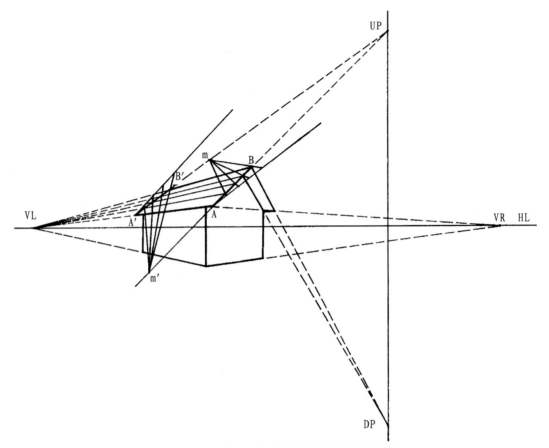

图2-62 实例3：对已求得的坡屋面进行瓦垄划分

六、徒手作图法（新透视图法）

（一）快捷、自由、方便的新方法——徒手作图法

1. 传统作图法的缺点

（1）在作图开始阶段需做大量的前期步骤（如求作站点、灭点、测点等），这样，不但绘图的速度慢，而且缺乏表达设计意图的自由度。

（2）作图需要有较大的空间，作图所需的面积大，其实所得的有效面积小。

（3）在作图的初始阶段，无法预料未来透视图的视距、视高和角度等是否会符合设计的目的和要求，效果必须在作图步骤全部完成后才会显现出来。若对所画出的效果不满意，也只能采取重新求作透视图的办法解决。

（4）由于透视图法的生成原理比较复杂，也难于被初学者掌握。

2. 徒手作图法的优点

为了克服传统作图法的缺点，透视学专家经过多年多学科的综合研究，发明了一种"徒手作图法"，20世纪80年代中期已被专家们认定是可以向世界推广的新的透视图法。新透视图法可以最有效地利用板上的纸面安排构图。这种新透视作图方法无须画出画面、视平线和灭点，也无须考虑视距、视高和角度等因素，可以根据设计要求，按设计者自己的喜好自由发挥。对于手绘透视效果图设计师来说，新透视图法给他们带来了极大的方便；特别对初学者来说，新透视图法更是一个简单易学的好方法。虽然在初学时对作图的程序会感到有些复杂、难解，但只要我们能像掌握数学公式那样去牢记，并反复运用，就可体会到这种图法的好处了。

因为正立方体是三维立体中最基本、最简单的形体，徒手作图法仍然以正立方体为范例进行分析、作图。在对正立方体的分析、作图透彻掌握之后，再分析和绘制复杂的形体图就不难了。

下面简单介绍一下徒手作图法：

在绘制正立方体二点透视图时，最初的四条线是自由设定的，其后的每一个阶段都是经过严格的几何学规定求作的。由自由作图到规定作图再到自由作图，是这种作图法的主要特点和优势。在大的正立方体框架被准确地确定之后，其细节的变化在精确的框架控制下，即使只凭感觉自由作图，进行手绘，也不会有太多失误。作图者可以凭借自己对设计作品的理解，对艺术创作进行自由的发挥。新透视图法广泛应用于建筑透视、室内透视、工业产品透视。

（二）徒手新透视图法作图（见图2-63）

已知：

（1）①、②、③、④为正立方体的四条自由棱线，其中①A—A′为规定长度的正立方体的垂直棱线。②、③、④为二点透视的消失线。

（2）②、③为一组消失于同一灭点的消失线（近宽远窄），④为另一组消失线中的一条线。

（3）②与④二线的夹角须大于90°，小于180°。（②与④二线的夹角若等于180°，则为一点透视。）

求作：与已知条件相符合的正立方体的二点透视图。

作图：

（1）任作一条水平线横穿②、④，并与②、④相交于F、E。

（2）过F、E分别向上作垂直线，过F向上作的垂直线与③相交于F′。

（3）过F′作一条水平线，与过E向上作的垂直线相交于E′，并连接A′、E′，这样就得到一条消失线⑤A′-E′。

（4）又以F-E为直径，以F-E的中点为圆心画半圆，与①A-A′相交于G。

（5）分别以E、F为圆心，以E-G、F-G为半径画弧，分别与过E向上作的垂直线相交于H，与过F向上作的垂直线相交于H′。

(6)连接A–H′并延长,与③相交于B′,并过B′作垂直线与②相交于B,得到⑦B–B′;连接A–H并延长,与⑤A′–D′相交于D′,并过D′作垂直线与④相交于D,得到⑥D–D′。

(7)连接对角线B–D、B′–D′所得二线为下底面和上底面的对角线。

(8)连接对角线B–D′、B′–D,二线相交于O,则O为正立方体的立体中心点。过O作垂直线,分别与对角线B–D、B′–D′相交于O′、O″,O′–O″为立方体的中心轴线。

(9)连接O″–A′、O′–A并延长(此二线为正方形另一对角线)。

(10)连接O–A′并延长,与O′–A的延长线相交于C。

(11)过C作垂直线,与O″–A′的延长线相交于C′,得到⑧C–C′。

(12)连接B–C、D–C得到⑨、⑩;连接B′–C′、D′–C′得到⑪、⑫。

(13)完成以上12条棱线,则求出与已知条件相符合的正立方体的二点透视图。

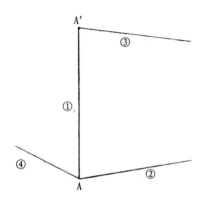

(1)根据要求确定正立方体的四条自由棱线

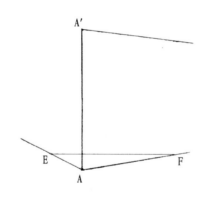

(2)任作一条水平线F–E

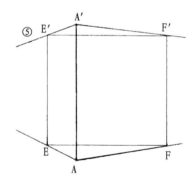

(3)利用矩形EFF′E′,求出另一条消失线⑤A′–E′

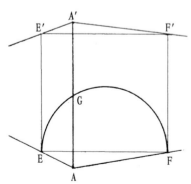

(4)以F–E的中点为圆心画半圆,与①A–A′相交于G

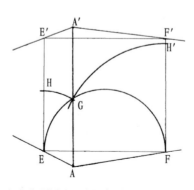

(5)分别以E、F为圆心,以E–G、F–G为半径画弧求出H、H′

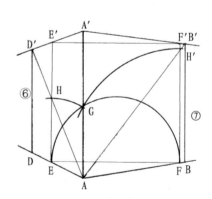

(6)求出⑥、⑦线

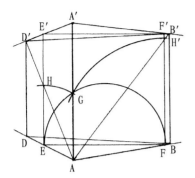

（7）连接B-D、B'-D'，二线为正立
方体的对角线

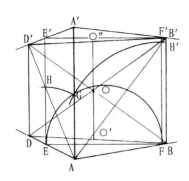

（8）求出正立方体的中心点O，求出
中心轴线O'-O'

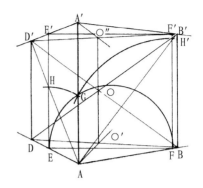

（9）利用中心点求出对角线O'-A、
O'-A'并延长

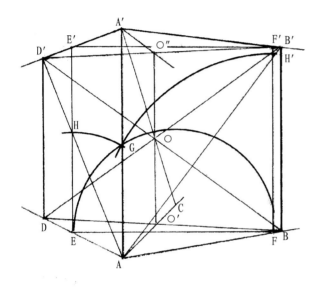

（10）作A-O并延长交对角线A-C于C点

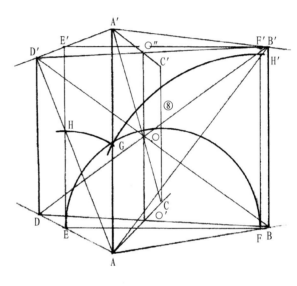

（11）过C作垂直线求出⑧C-C'

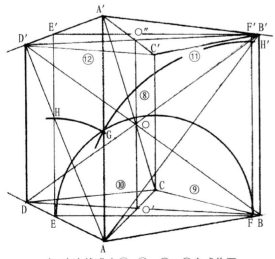

（12）连线求出⑨、⑩、⑪、⑫完成作图

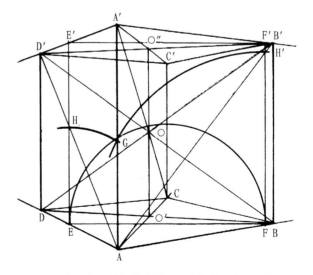

（13）与已知条件相符合的正立方体的二点透视图

图2-63 徒手新透视图法作图步骤

第四节　立方体与透视

　　我们研究透视，常常都是以立方体为载体来进行的。我们生活中的各种各样千变万化的形体，都可以用最简洁的形体——立方体来进行概括和归纳。用立方体作为研究透视的载体，有助于我们更好地理解和分析透视原理及其透视规律。

　　研究形体的造型，同样可以将立方体作为研究对象。以立方体作为形体研究的对象，有助于我们理解和分析并找到表达复杂形体的简洁而行之有效的方法。无论是进行结构素描造型还是进行手绘形体的表达，都可以将对立方体的分析和理解作为起点来进行学习和研究。

一、立方体的属性

　　立方体，即平行六面体。在我们生活中有各种各样千变万化的形体，这些形体，我们都可以将其归纳成为各种比例不同的立方体。

　　当我们绘制一个新的物体时，可先将该物体归纳为一个整体的立方体形体，然后再在立方体的基础上转变为其特色造型。如沙发、椅子、床等单体形状千变万化，但它们的基本形状都可归纳为一个长的、方的或扁的立方体形态。在理解这些形态时，我们可以先解决沙发等单体立方体的整体概念，再步步细分。

　　立方体的分割与增殖在效果图的绘制中起着十分重要的作用。透视图法为我们解决了手绘作图的基本框架。为了进一步绘制精确的透视效果图，我们还必须学习并掌握透视图分割与增殖的种种方法。

图2-64　立方体两点透视示意图

基本形体——立方体

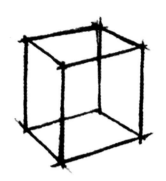 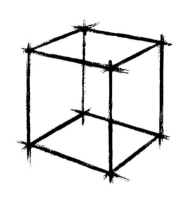 

图2-65　不同角度立方体二点透视形态

（一）立方体的切割

以台阶模型的穿透性结构造型为例，用结构素描的手法分析立方体与台阶的关系。

具体画法如下：

（1）以辅助线画出台阶模型的基本形体——立方体，准确地把握住立方体的比例、透视关系。

（2）运用"切挖"方法穿透性地画出台阶的结构关系。

（3）以不同轻重、粗细、虚实的线条，表现台阶的前后空间关系和体积感，并保留基本的辅助线，以加强素描造型的结构表现和空间透视感。

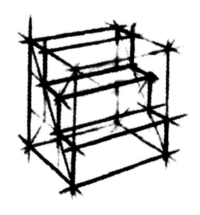 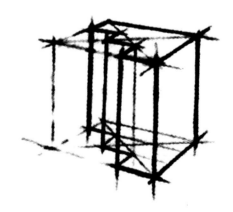

图2-66　立方体的切割（以台阶模型为例）

（二）立方体的增殖

透视图的分割与增殖的方法取决于几何图形的分割与增殖的方法。在几何图形中，对角线与对角线的交点、对角线与平行线的交点、水平平行线与垂直平行线的交点都是求取分割与增殖图的关键点。

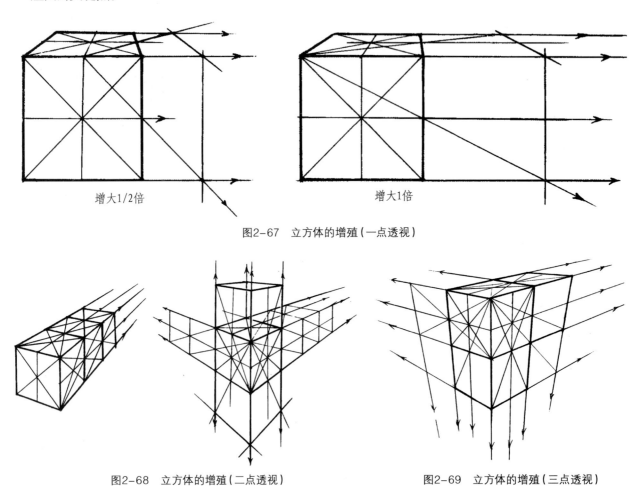

增大1/2倍　　　　　　　　　　　　　　增大1倍

图2-67　立方体的增殖（一点透视）

图2-68　立方体的增殖（二点透视）　　　　　图2-69　立方体的增殖（三点透视）

二、立方体实体（单体）与立方体虚体（室内空间）

立方体可分为实体与虚体两种空间存在形式。一般来说，在生活中我们所见到的各种单体家具都可以立方体来进行形体归纳和概括。在一个更大范围空间中的建筑物（如景观中的建筑物），我们同样可以用立方体对其进行归纳和概括，这样存在的立方体形式，都可以设定为立方体实体。这里所指的立方体虚体，是相对于立方体实体而言的，如各种功能的室内空间或建筑空间（主要是指有围合结构的空间）。无论是立方体实空间还是立方体虚空间，都可以简化为立方体来理解，这样的划分和设定，能更有效地帮助我们学习和理解复杂的透视问题，让我们透过复杂的形体来理解透视现象和透视规律。它是开启学习、理解、掌握和运用透视知识的"金钥匙"。

图2-70 单体家具（立方体实体）

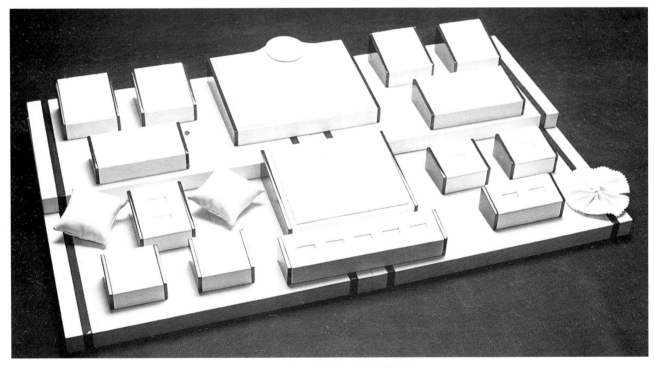

图2-71 展示道具（立方体实体组合）

图2-72 建筑群（立方体实体组合）   余卓 设计

图2-73 室内空间（立方体虚体）   黄文娟 提供

　　将复杂形体归纳和概括为立方体，我们则可用能够高度概括形体的立方体来理解空间中的建筑、室内中的家具及陈设等（立方体实体）与其所在空间形成的各种相互关系，如家具与家具之间的比例关系、室内空间与室内各家具组件的比例及透视关系等。我们研究透视及透视规律也同样是以高度概括的几何形体——立方体为研究对象来研究和分析诸如一点透视、二点透视、三点透视等透视现象和规律的。

　　例如，我们可以用立方体概括室内空间中各陈设物与室内空间的透视关系。

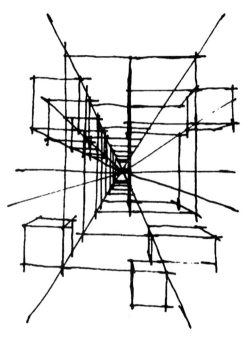

图2-74　立方体虚体（室内空间）透视理解归纳

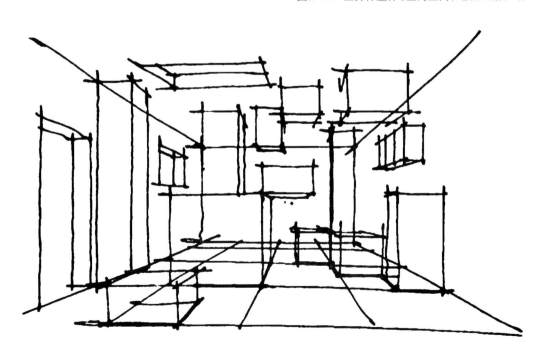

图2-75　立方体虚体（室内空间）一点透视理解

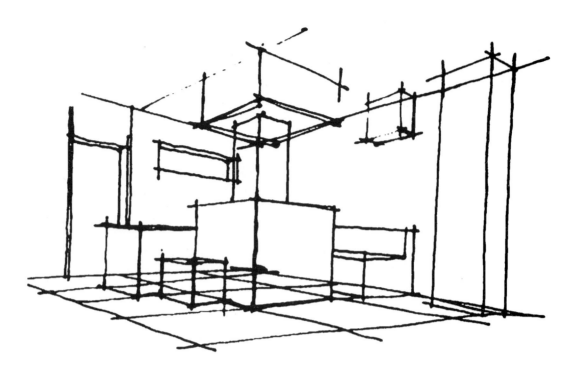

图2-76　立方体虚体（室内空间）二点透视理解

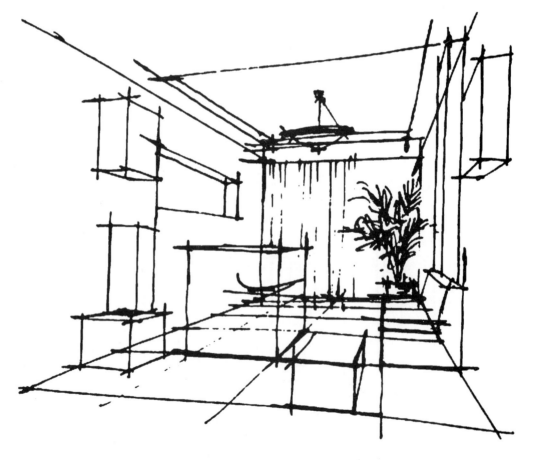

图2-77　立方体虚体（室内空间）一点斜透视理解

第三章 透视与建筑设计

第一节 透视与建筑设计的关系与作用

绘制建筑设计手绘表现效果图需要具备的三个基本功：美术基础、透视技法、设计水平。

例1：某土木专业毕业生，想从事建筑设计行业的工作，他只学过工程制图觉得自己绘制建筑施工图是没有问题的，但他的美术基础、透视技法、手绘能力非常欠缺，那么，他只能重新学习美术基础知识和透视技法，提高手绘能力，以弥补自己的不足。

例2：某环境艺术设计（艺术类）景观设计方向的毕业生，除了主要学习景观设计之外，还学过建筑制图、建筑构造、建筑设计的课程，学过手绘和CAD表现，绘制过建筑平面、立面、剖面施工图，为什么还不一定能适应建筑公司的工作？原因在于他不能按照严谨而科学的透视作图方法进行建筑表现效果图的绘制。

建筑表现效果图，指以平面或立面形式表现建筑设计意图和效果的造型手段。

建筑透视表现图，又称建筑画或建筑表现画、建筑效果图、渲染图等。它是建筑设计图纸的形象化表现形式，即通过透视作图的方法加之色彩和明暗的表现，绘制出来的具有视觉真实感的形象化图纸，是在建筑施工以前就能预见到建筑的可视形象，也是建筑设计工程中常用的一种设计图纸。

（一）建筑表现图的特性

建筑效果图需要忠实地反映设计物，而且要求是写实的艺术表现形式。建筑表现图具有以下几个特征：

1. 超前性

建筑效果图需要忠实地反映设计物的总体预想效果。建筑效果图不像一般的绘画那样，可以照着已有的对象摹写，建筑效果图表现的不是现实中本来就存在的东西，它表现的只是设计师创造出来的理想的空间形态，所以建筑效果图不可能在建筑工程完成之后再去表现真实的建筑物，如果那样就失去了建筑设计效果图的意义了。建筑效果图是设计者用自己的艺术语言，去创造业主和设计师理想的建筑物，因此它与一般的绘画相比，更具有超前性和创造性。

2. 传真性

客观地、真实地传达设计者的设计构思，是绘制建筑效果图的基本原则，因此，建筑效果图的传真性是显而易见的。观众可借助于建筑透视效果图,对设计者新构思的形态、结构、材质、色彩等各方面获得最直观的认识,尤其使甲方或业主能最直接地感受到设计投资的价值所在。即:

(1)如实反映所设计之建筑物的地理位置、自然环境和人造环境等。

(2)准确地表现所设计之建筑物的结构形式、造型特征、内外部形体空间。

(3)确切地变设计预想为具有真实感的效果图,并以此体现出设计物的质感和材料特质及色彩搭配效果等。

3. 广泛性

建筑效果图要求所表达的形象逼真,它比别的图形(如建筑工程制图)更能为大众所接受。建筑表现效果图通俗易懂,不需要观众经过专门的训练,也不受年龄、职业、文化水平、时间、地点、空间等的限制,它能够最大范围地征求各方意见,也便于广泛宣传和推广。

4. 独创性

建筑设计就是赋予建筑造型以新的品质。建筑设计师首先应抓住所构思的建筑造型的与众不同之处并加以表现。独创性应是每一张建筑设计效果图所追求的本质所在。

5. 启智性

通过建筑表现效果图传达出的新设计理念,因其独创性和新颖性,向人们展示了以前不曾见过的设计形态,能更好地启发观众的想象力,使之产生丰富的联想。

(二)建筑表现的目的和作用

建筑表现的目的和作用归纳起来主要有:为建筑设计服务、为建筑表现服务、为建筑施工服务等三方面。

1. 为建筑设计服务

也就是说,通过二维平面的建筑透视表现图表达出三维的建筑立体效果来研究建筑方案的各个阶段和全过程,以探求理想的建筑设计方案。其表现一般不着意于准确的比例和细部关系的推敲,往往是把表现重点放在建筑设计整体关系的探求上,也就是人们所熟知的"草图式的表现",它主要是用于推敲方案阶段。

2. 为建筑表现服务即为表现建筑的效果服务

主要目的在于形象地表现建筑设计方案和设计施工图的最终效果。让建筑单位、审查单位等有关方面对建筑的造型和综合效果有一个较真实的感受和比较实际的体验。对于重要建筑的设计和建筑设计竞赛、投标等场合来说,这种精准的透视表现效果是非常必要的,细致而精确的建筑表现又必然要借助于精准的透视作图法来完成。

3. 为建筑施工服务

在建筑施工的过程中，在借助施工图进行建筑施工的同时也必须让施工人员预先了解并感受到建筑工程完成之后的效果，因为，它可以形象地展示建筑的构造关系，可弥补设计图纸中的不够完善的部分和施工图纸表达不够清楚的部分，大大便利了施工，可提高施工的工作效率，还可发挥施工者的主观能动性。

第二节　透视在建筑设计中的应用

学习手绘建筑效果图，就一定要先学习透视知识，用针管笔勾勒好了骨架后再用水彩类的颜料上色（钢笔淡彩）。

建筑表现的内容包括：建筑外部表现、建筑局部表现、建筑细部表现等。

建筑表现效果图具有很强的科学性，要求所绘制的建筑效果图达到准确、真实。也就是说，要求所绘制的建筑效果图能够与建筑竣工后的形象、比例基本一致。所以它的轮廓和结构都是使用精准的透视作图法求出来的，必须表现得准确，才能让人有一种可信的真实感。因此透视作图法的熟练掌握是完成好一幅建筑表现效果图的关键所在。

以下介绍几种常用的透视作图法。

图3-1　秀峰公园同心桥（一点透视）　贵树红 摄

图3-2　湖南工艺美术职业学院弘美楼走道（一点透视）
贵树红 摄

一、一点透视作图及应用

采用一点透视表现建筑物的外观，可以让人感受到建筑物的庄重感和严肃感，且具有纪念性。

设计纪念性较强的建筑物，如博物馆、纪念碑、纪念馆、大会堂之类的建筑或国家重点建筑。为了烘托建筑物的庄重、严肃感与纪念气氛，往往采用这种透视角度来设计。

一点透视距点法作图（透视点为心点消失线与距点消失线的交点F）如图3-3所示。

距点法是透视制图法中比较简捷的一种方法，距点通常用D表示，距点到心点的距离等于视点到心点的距离，并投影在视平线上，位于心点的左侧或右侧。先定出视平线HL，心点CV、基线GL，根据需要确定视点SP并以CV为圆心，CV-SP为半径画圆弧交视平线于DL、DR二点，DL、DR二点为透视图的左右距点。把物体立面放置于基线GL上，并将立面各点与心点CV连线，设定物体侧立面长度尺寸为A-B，连接B-D与CV-A相交于点F，A-F就是物体的进深长度。最后分别作垂直线、水平线完成距点法透视作图。

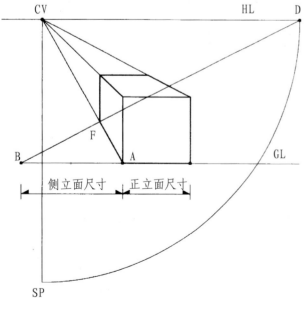

图3-3　一点透视距点法作图

案例 1 一点透视室外建筑透视图的画法——距点网格法

绘制建筑效果图应先有平面图、立面图,然后再根据平面图和立面图的尺寸要求绘制出建筑透视效果图(见图3-4)。

(1)设建筑物空间宽度尺寸为A-B,则可在基线上确定A-B的位置并画上尺寸刻度(A-B线段即为基线),过心点CV作A、B及A-B线段各点的连线,距点D的位置确定实际上就是确定视距(视距约为基线A-B的2倍左右)。

(2)作A、B两点的垂直线并画上与真高相应的尺寸刻度,A-E、B-C即为空间的真高线,连接E-CV、C-CV,过点B作距点D的连线与心点CV的各透视线形成交点,作各交点的水平线与A-CV、B-CV相交,即得到建筑透视地面网格图。

(3)完成空间透视结构,此时空间进深为4m,如果进深为5(6、7……)m时,可作A-B的延长线并标注上相应的刻度,再与距点D连线,与A-CV相交,依次作交点的水平线。完成进深为5(6、7……)m的空间室外透视进深网格图。

(4)在室外透视进深网格图上,按设计要求找到相应的位置,再画出建筑透视图。

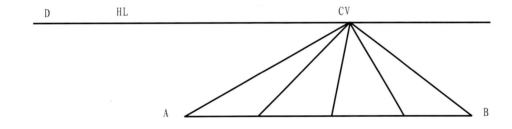

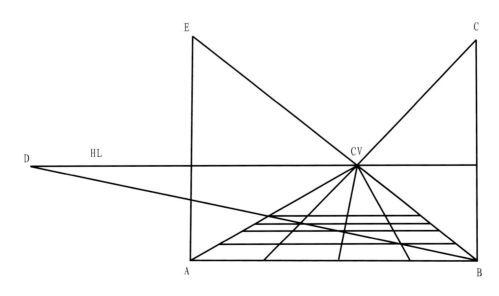

图3-4 距点网格法透视作图

案例 2   一点透视室外建筑透视图的画法——测点网格法

（1）先确定建筑物造型及比例尺寸，再定出视平线HL、心点CV、测点M、基线GL。

（2）根据建筑物平面图、立面图的尺寸要求，依据一点透视测点网格法求出室外透视网格图。具体步骤如下：

①将建筑平面图按比例网格化，使之成为网格平面图。

②将网格平面图置于基线GL上，并按一点透视测点网格法画出网格地面透视图。

③根据立面图的真高比例尺寸，完成一点透视建筑效果图。

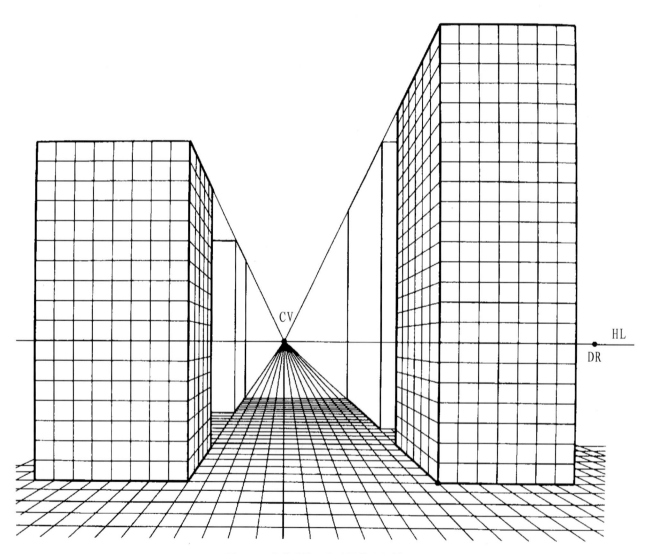

图3-5　室外建筑一点透视作图案例

二、二点透视作图及应用

图3-6 卢沟桥晓月(二点透视) 贵树红 摄

案例 3 室外建筑成角透视图画法

(1)求余点和测量点:将建筑正立面ABCD,侧立面ABEF同时置于基线GL上,并标明楼层数量(设建筑楼层为19层)及开间数量(正立面10,侧立面7),确定视高并画出视平线HL、余点VR。过B点作一任意斜线,设定其左余点VL。在任意斜线与B-VR线段之间任意取一水平线a-b,并以其长度为直径画圆弧,与A-B延长线产生交点G,分别以点a、点b为圆心,与交点G的距离为半径画圆弧交a-b线于点M1、点M2,过B点作与M1、M2的连线并延长与视平线HL相交于点M1′、点M2′。M1′、M2′为透视的测量点(见图3-7)。

(2)求作建筑物正立面透视:连接A-VR、B-VR,过点E作与M1′的连线交B-VR于点E′,作E′的垂直线交A-VR于点F′,ABE′F′即是所求作的建筑透视侧立面。连接C-M2′与过点B的任意斜线交于点C′,作C′的垂直线交D-M2′于点D′,ABC′D′即为所求作的建筑透视正立面(见图3-8)。

(3)求建筑侧立面透视:过点M1′作B-E线各点的连线与B-E′相交,各交点作垂直线,

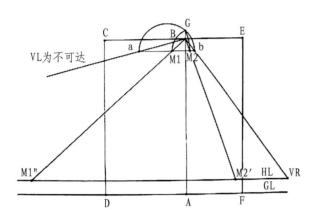

图3-7 室外建筑成角透视图画法步骤一

过点VR作A-B线各点的连线,完成建筑侧立面楼层与进深的求作(见图3-9)。

(4)建筑正立面的求作方法与侧立面求作方法同理(见图3-10)。

房屋建筑简略图法

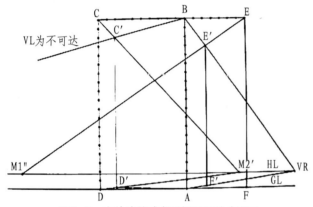

图3-8 室外建筑成角透视图画法步骤二

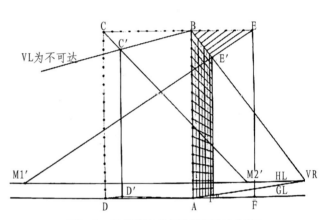

图3-9 室外建筑成角透视图画法步骤三

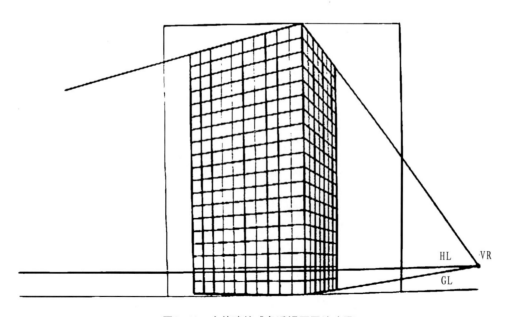

图3-10 室外建筑成角透视图画法步骤四

案例 4 室外建筑简图法

成角透视有两个灭点,容易使作图画面过大,不方便,既费力又费时。运用简略图法,情况就好多了(见图3-11)。

(1)按设计图的要求确定建筑物最前面的垂直线A-B。

(2)作有角度、深度的外形线A—E、A—D(此二线为透视线),并使其延长至视平线,可得点VR、VL(VL在纸外)。

(3)按设计要求将垂直线A-B分成等分的1、2、3、4、5格。

(4)将右余点VR与1、2、3、4、5连接,则完成右侧透视线。

(5)A′—VR与A—D相交于D。

(6)在接近左余点VL的地方作垂直线A′-B′等于A-B,又将垂直线A′-B′等分成与垂直线A-B一样的6、7、8、9、10格,并将等分各点与灭点VR连接。

(7)作垂直线D-C。则右余点VR与6、7、8、9、10各点的交点为6′、7′、8′、9′、10′各点。再将6′、7′、8′、9′、10′各点与1、2、3、4、5连接,即完成VL方向的各透视线。

(8)在此基础上,利用分割和增殖的方法可完成大大小小的格子透视。

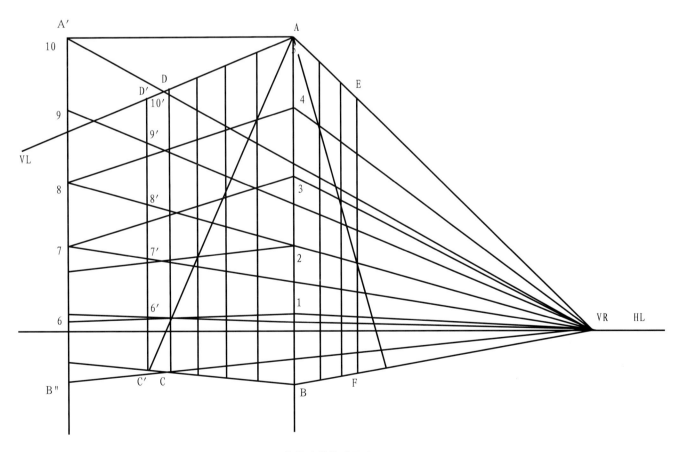

图3-11 室外建筑简略图法

三、三点透视作图及应用

（一）建筑外观的三点透视画法（仰视）（见图3-12）

（1）作图准备：用平行透视的作图方法定出视平线HL，灭点VL、VR及基线GL，求出测量点M1、M2，在基线上确定点A并作垂直线（视心线）。

（2）定天点：在视心线上方任意定出天点UP。连接VL、VR、UP各点。连接余点消失线VL-A、VR-A。

（3）求测量点M3：以余点VL、天际点UP的连线为直径作圆弧，过余点VR引垂直于VL-UP的连线与圆弧交于点B。

（4）找楼层刻度：以UP为圆心，以UP-B为半径画圆弧交VL-UP于点M3。过点A引VL、UP的平行线并标注建筑楼层尺寸的刻度。

（5）求建筑正立面、侧立面开间的透视：为了方便作图，复制基线GL1，在点A1左右量出建筑的正立面、侧立面尺寸，并向点M1、点M2引直线与A1-VR、A1-VL交于各点。

（6）求楼层透视：过点A斜线上的各交点分别引直线连接点M3，与A-UP相交于各点，作各交点与VR、VL的连线。

（7）作UP与A-UP、A1-VR线上各交点（进深点）的连线，完成透视作图。

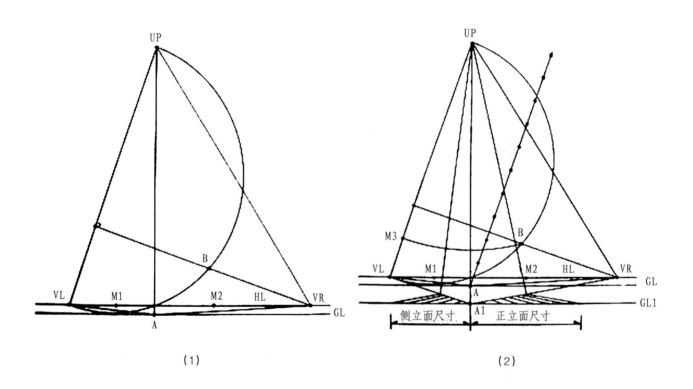

（1）   （2）

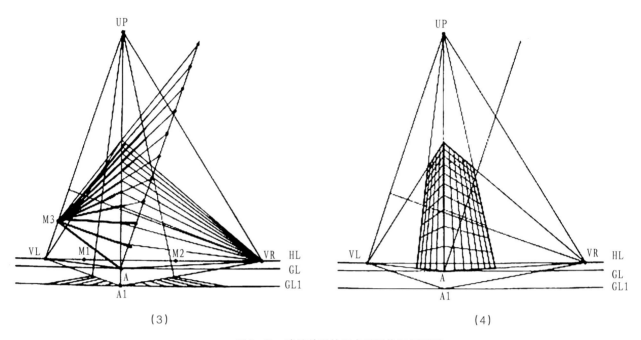

（3）　　　　　　　　　　　　　　（4）

图3-12　建筑外观的三点透视作图（仰视）

图3-13　图书馆建筑效果图（仰视三点透视）　　　　贵树红　作

（二）建筑外观的三点透视画法（见图3-14）

建筑外观的三点透视画法的俯视图作图原理同仰视图相同。

（1）作图准备：

① 用二点透视的作图方法定出视平线HL，余点VL、VR，心点CV；

② 求出测量点M1、M2；

③ 定天点：过心点CV作垂直线（视心线），并在视心线上方任意定出天点DP；

④ 连接三个灭点VL、VR、DP。

（2）在视中线上确定近墙角点A，连接余点消失线A-VL、A-VR；过A点作基线GL，并标上正立面和侧立面开间刻度，将各刻度点分别连接M1、M2；与A-VL、A-VR交于各点。

（3）求测量点M3：以余点VL、天际点DP的连线为直径作圆弧，过余点VR引垂直于VL-DP的连线与圆弧交于点D。以天际点DP为圆心，以DP-D为半径画圆弧交VL-DP于点M3。

（4）找楼层刻度：过点A引VL-DP的平行线，并标注建筑楼层尺寸的刻度。

（5）求建筑物楼层的透视：连接M3与过A的平行线上楼层的刻度点，与A-DP相交各点，将A-DP相交各点连接余点VL、VR相连接，求得建筑物楼层的透视。

（6）完成建筑正立面、侧立面开间的透视：将建筑的正立面、侧立面开间尺寸向测量点M1、M2引直线与余点消失线A-VR、A-VL交于各点，得出开间的进深点，再将余点消失线A-VL、A-VR上各进深点与M3相连接，得出建筑正立面、侧立面开间的透视进深。

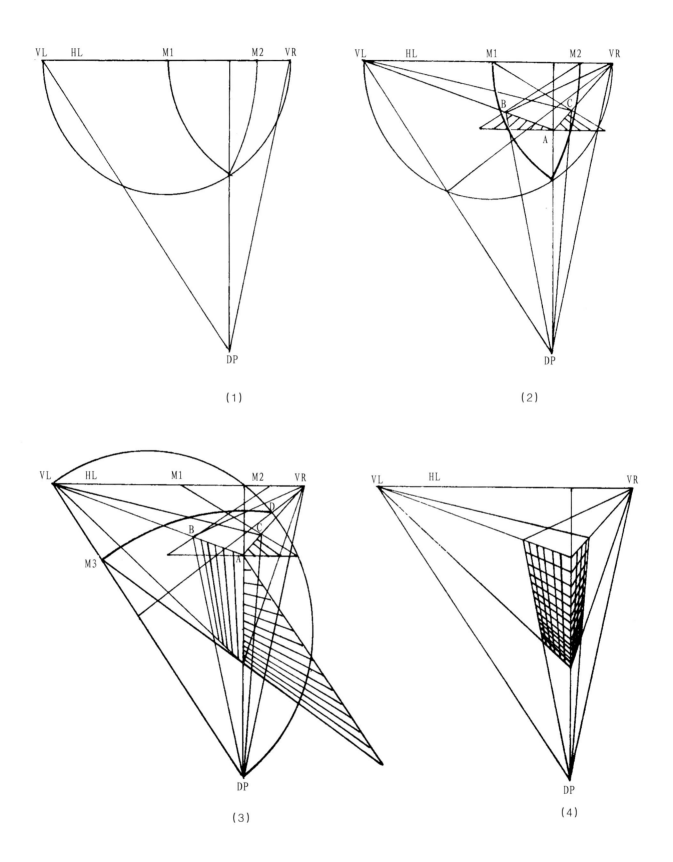

图3-14 建筑外观的三点透视画法（俯视）

第四章　透视与景观设计

　　景观设计专业的培养目标是培养德、智、体、美全面发展，具备现代创新意识和艺术修养，能从事城市景观、生态环境和室内空间设计与管理的高级专业人才。该专业的就业方向是城市规划、管理、建设部门及规划设计院、园林公司、装饰装修公司、房地产公司、物业公司等环境艺术设计、城市规划管理与策划等工作。

第一节　透视与景观设计的关系与作用

　　学习景观设计，对于透视原理的掌握是必不可少的。透视知识对于景观设计中手绘表现效果图的绘制，是最基础也是最重要的一个知识点。设计者必须在熟练掌握相关的透视知识基础上，才能很好地表达景观设计方案。

　　景观设计手绘效果图是设计师进行设计表示最有效的工具。如果说制图是设计师与同行之间交流的"内部语言"，那么透视效果图则主要是设计师与外行人士（委托设计人、甲方、业主等）交流的"外部语言"。

　　景观设计效果图能形象地表现环境空间，营造环境气氛，观赏性强，具有很强的艺术感染力。在设计投标、设计定案中起着很重要的作用。往往一张景观设计效果图的好坏会直接影响到这个设计的审定。因为景观效果图最为甲方和审批者所关注，它提供了工程竣工后的效果，有着先入为主的感染力，有助于得到甲方和审批者的认可和取用。和其他表现手段相比，景观设计表现效果具有绘制相对容易、速度快等优点，绘制景观效果图成为了环境艺术设计专业人员的"看家功夫"。若要完成好一幅完美的景观效果图，则必须建立在准确透视空间的构架上，因此需要掌握一些绘制景观设计效果图所必须的空间透视知识和科学的透视作图方法。

　　绘制景观效果图首先要掌握一些科学的透视技法。透视技法好比是效果图的骨架，若骨架搭好了，成功的概率就大大提高了。

　　景观设计手绘表现效果图的科学性就在于：在绘制景观设计手绘表现效果图时，空间透视的表现过程是比较严谨、复杂的过程。要表现空间布局的精确尺度，包括空间界面的高度、宽度，建筑构造的尺度，建筑物、植物及配景的比例尺度等，还要表现景观中各组成部分材料的真实固有色彩和质感。

客观、真实地传达设计构思，是绘制效果图的基本原则，所以它的传真性是显而易见的。观众可借助于效果图，对设计者新构思的形态、结构、材质、色彩等各方面获得最直观的认识，使甲方或业主能最直接地感受到设计投资的价值所在。

景观设计中的手绘效果图，能快捷而形象地表达设计师的设计意图，生动、概括、富于创意、便于交流。既具真实性又具艺术性的景观设计效果图是一件完美的艺术品，具有其艺术存在的价值。手绘效果图虽然不是纯艺术表现，但它却是从绘画艺术中提炼出来的，具有很强的工艺性，并具备整体统一、对比协调、节奏和韵律富于变化性等艺术特征。同时，透视效果图体现的是设计者综合实力，可以展示设计者的性格以及对美的感知力和表现力。对于搞设计的人来说，对美的感知力是极其重要的。此外，透视图也可以更容易看出设计者的水平和风格，等等。

第二节　透视在景观设计中的应用

景观设计主要服务于城市景观设计（城市广场、商业街、办公环境等）、居住区景观设计、城市公园规划与设计、滨水绿地规划设计、旅游度假区与风景区规划设计等。透视就是将三度空间的形体，转换成具有立体感的二度空间画面的绘图技法。自然景观中都有高、宽、深三度空间，而画纸只有高、宽两度空间，要把深度表现出来，还原于自然景观中的纵深度，就需要用透视原理来表现。

绘制景观设计手绘表现效果图，应根据表达内容的不同，选择不同的透视方法和角度。如：一点平行透视或两点成角透视等，一般选取最能表现设计者意图的方法和角度。

徒手表现图很大程度上是在用正确的感觉来画透视，要训练出落笔就有好的透视空间感，透视感觉也往往与表现图的构图和空间的体量关系息息相关，有了好的空间透视关系来构架图面，一张手绘表现图似乎也成功了一半。

绘制景观徒手表现效果图，首先要"搭建"好一个具有美感的景观空间，继而经营表现的角度与构图（也就是要求设计师有十分敏锐的空间感悟能力，以及表现空间范围的控制能力）。画面的空间透视"构架"是否有美感，是否通过透视加强表现了空间的设计主题和内涵，这是我们能否画出理想的效果图的关键所在。

景观表现的内容包括局部景观表现、城市小品表现、景观鸟瞰表现等。

一、透视与构图

（一）视平线的选择

1. 高视平线的选择与应用

高视平线主要是将视点提高到正常视点以上，重点用于表达复杂的地面景观场景。这类角度能有效地展示出空间内的所有物件。

城市的气质来自历史与文化的积累，城市的魅力体现于不同时代建筑的有机结合.
Chengshi DeQizhi Laizi lishiyuwenhau de Jilei□Chengshide Meili Tixian Butongshidai Jianzhu De You jijiehe.

图4-1　建筑景观设计效果图（高视平线）　　　　　　湖南工艺美院毕业生　王子凌 设计

2. 中视平线的选择与应用

中视平线在手绘效果图中应用最普遍，因为它能够比较完整和常规化地表现所要表达的内容，通常可以表现尺度适中的场景。在中视平线透视效果图中，地面景观与天空的关系都能够较好地反映出来，画面呈现出的是普通人眼的视线角度所看到的内容，画面具有更强的亲和力。

3. 低视平线的选择与应用

低视平线的处理方式应用也较多，当需要体现宽阔空间或高大建筑物的时候，就可以选择较低的视平线，以突出表现空间的层次感和空间的高大感。

图4-2 景观效果图（中视平线） 黄文娟 作

图4-3 景观设计效果图（低视平线） 湖南工艺美院毕业生 余卓 设计

（二）左、中、右心点的选择

在平行透视的画面中，所有与视线平行且与画面垂直的线相交的集中点叫做心点。心点的左右偏移是为了着重表现具有特点的某个部位，这种表现使得画面丰富、主次分明，更有冲击力。

视点居左，则重点体现右侧物体的重要性，增加画面的生动性，突出重点。

视点居中，则左右墙面均等表现。

视点居右，则重点强调左侧物体的形式感和重要性，丰富画面构图，突出效果图表达的重点。

透视点的正确选择对效果图表现效果尤为重要，经典的空间角落、丰富的空间层次，只有通过理想的透视点才能完美地展现。

要将画面最需要表现的部分放在画面中心，对较小的空间要进行有意识的夸张，使实际空间相对夸大，并且要将周围场景尽量绘全一些。

（三）透视类型的选择

一点透视表现范围广，纵深感强，适合表现庄严、安静的空间。缺点是比较呆板。由于一点透视横向没有透视消失现象，画面给人以稳定、平静的感觉。

二点透视效果图画面效果比较自由、活泼、优美，反映的空间比较接近于人的真实感觉，且立体感强，比较适用，在透视图中应用最广。

俯视三点透视的特征是：所画物象处在视平线以下，呈现出上大下小的透视缩形。原来的垂直原线变为倾斜线，并向地下点消失，这种透视图称为鸟瞰图。俯视倾斜透视为地点透视。

仰视三点透视的特征是：所画物象处在视平线以上，呈现出上小下大的透视缩形。原来的垂直原线变为倾斜线，并向天际点消失，这种透视图称为虫视图。仰视倾斜透视为天点透视。

运用三点透视表现高层建筑，可以加强空间的纵深感。但三点透视在透视图中用得较少，为了使画面上的高层建筑不致因过高而变形，其竖向平行线仅凭感觉使其略向中间倾斜，以保持建筑物的稳定感。

绘制景观设计效果图，需要设计者对空间的直观感受非常敏锐，而且要求设计者熟悉并掌握一些相应的透视作图方法，如一点透视作图法、二点透视作图法等，并以此来帮助自己找到景观设计效果图的空间关系。景观设计手绘效果图同样要求设计者在准确、清晰表达的前提下，能够充分发挥设计者个人的兴趣和感受；在准确、清晰的透视作图基础上达到既有画面真实感又能自如地表达设计者设计风格的画面表达效果。

二、一点透视作图及应用

景观设计中的空间场景通常比较大，绘制效果图时，除按照透视原理理解制图外，还需要掌握一定的方法和技巧，以适应景观效果图绘制的需要。在景观效果图中视平线的高低、观测点的位置，直接影响到画面的效果。

运用一点透视绘制景观设计效果图，适合表现庄严、安静的空间。选择一点透视高视平线绘制景观效果图，则可表现大场景景观内容；选择一点透视中视平线绘制景观效果图，通常适合于表现尺度适中的场景。在这样的方式中，地面景观的设计内容与天空的关系都能够有效地反映出来，画面可呈现出普通人眼的视线角度所看到的内容，画面会更具有亲和力。

参照室内测点网格法透视原理，同样可以绘制出大场景的景观透视效果图，由于景观空间通常所涵盖的内容较多，所要表现的场景较大，所覆盖的空间面积较宽阔，在绘制景观设计效果图的过程中，可以把要绘制的区域先在平面图上按测点网格法的需要画出网格化平面图。建立网格化平面图的目的在于绘制透视效果图时能更方便和准确地找到平面图上各物体在透视景观中的正确位置，从而快速完成景观透视效果图的绘制。

透视作图的关键是解决如何画出三视图中平面图的透视图。画平面图的透视问题解决了，其他问题（画正立面和侧立面的透视图）就好办了，绘制空间透视效果图也就容易多了。所以，解决平面图与空间透视效果图转化的关键问题是要解决好平面图的透视作图方法问题。

案例 1 大场景景观效果图透视作图方法步骤（以静馨嘉苑居住区景观设计为例）

图4-4 静馨嘉苑居住区景观设计平面图 湖南工艺美术职业学院毕业生 向晶、黄佩 设计

（1）依据已知平面图的尺寸和比例画出网格化平面图。

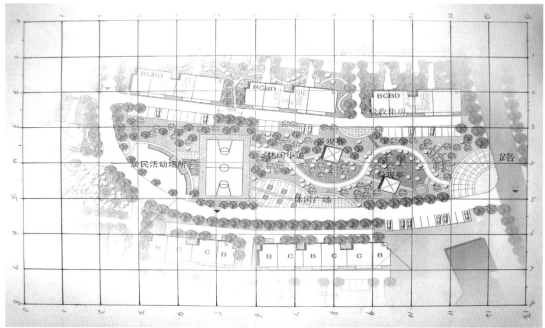

图4-5　静馨嘉苑　方案1——居住区景观设计网格化平面图　　湖南工艺美术职业学院毕业生 向晶、黄佩 设计

（2）根据透视效果图画面布局需要，运用一点透视量点网格化的作图方法画出透视地面网格图。

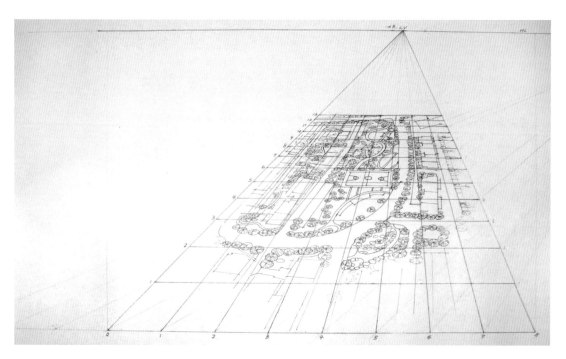

图4-6　静馨嘉苑　方案1——居住景观透视地面网格图　　　湖南工艺美术职业学院毕业生 向晶、黄佩 设计

（3）根据景观立面图的真高尺寸进一步完成景观透视效果图。

图4-7　静馨嘉苑　景观透视效果图　　湖南工艺美术职业学院毕业生 向晶、黄佩 设计

三、二点透视作图及应用

案例2　二点透视（成角透视）测点网格法在景观设计效果图中的应用

视平线高度位置的选定：一般来说，景观透视效果图视平线高度的确定应依景观内容的多寡或主建筑物的高度来确定。可根据所要表达的空间内容，来确定视平线的高度位置。视平线的高低，可根据所需表现景观对象区域范围的大小或景物内容的多寡来确定。如果景观区域空间大，视平线则可定得相对高一点，如图4-8所示，画面则呈俯视状态；如果需表达的空间内容偏少或表达空间范围较小，视平线则可定得相对低一些，如图4-9所示。

在表现景观设计效果时，我们常常会运用到二点透视高视平线来表现大场景的景观效果，这种透视效果的运用，能体现出较大景观范围。

图4-8 二点透视高视平线景观
贵树红 摄

Huqiaoping Zhoujintai Wangziling Daociyiyou 1989 8 13
Zhoujintai Touzi 200 Yuan Tecijiyan

Gnibainian VS Dingguagua

长沙市 子凌公寓 景观设计方案
Changshashi zilinggongyu jingguanshejifangan

图4-9 景观设计效果图（中视平线） 湖南工艺美术职业学院毕业生 王子凌 设计

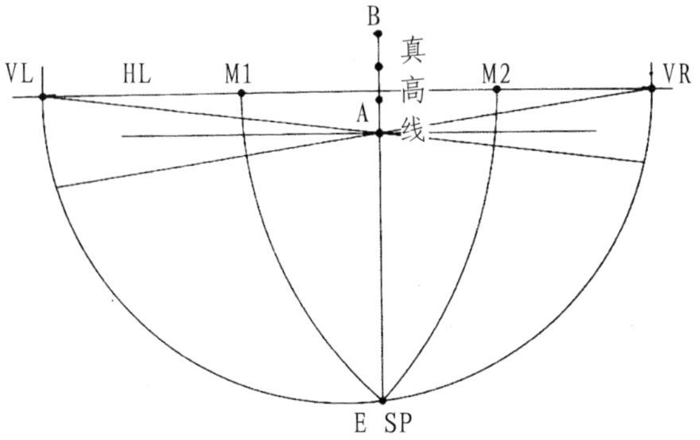

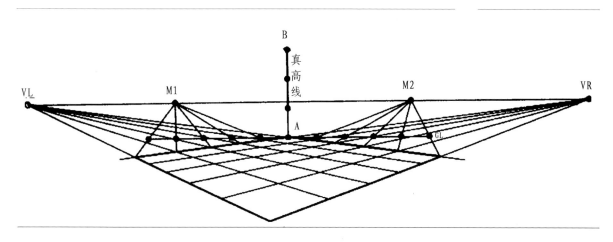

图4-10　景观空间二点透视测点网格法作图步骤一

案例 3　城市景观（高视平线城市景观空间透视表达）

作图方法与步骤：

（1）依据景观范围需要绘制出相应的平面图。

（2）根据透视效果图画面布局及构图的需要，运用二点透视测点网格法画出景观透视地面网格图。

（3）运用二点透视测点网格法将景观平面图转换成网格地面透视图。

运用景观空间二点透视测点网格法作图步骤：

步骤一　定出视平线HL、真高线A-B（可根据景观空间的具体情况而定）、左右两个余点VL、VR，作A点与VL、VR的连线，并使之延长，以VL-VR为直径画圆弧，交A-B延长线于点SP，分别以VL、VR为圆心，VL-SP、VR-SP为半径作圆弧交视平线HL于点M2、点M1，M1、M2为两点透视进深的测量点。如图4-10所示。

步骤二　过点A作基线GL，并按真高线同样比例标明刻度，点A左右两侧分别代表两侧的景观进深尺度，分别过点M1、M2作基线GL上各刻度的连线，并延长交过A点的透视线于各点，将各点分别连接VL、VR延长形成地面透视网格图。如图4-11所示。

图4-11　景观空间二点透视测点网格法作图步骤二

步骤三　根据透视效果图画面布局需要，运用两点透视量点网格化的作图方法画出与网格平面图相应的景观透视地面网格图。

（4）整理细节，按平面图、立面图的比例尺寸（重点依据景观中各区域建筑物的真高画出相应的主建筑物的透视效果图）完成景观空间的透视作图。

（5）依据设计要求画出景观空间中建筑物周围的相应配景（如树木、花草、道路、河流、水池、雕塑等景观配景），进一步完成景观透视效果图。

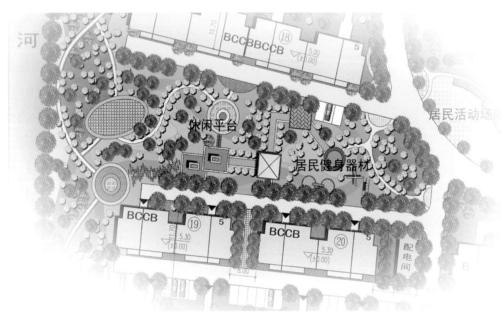

图4-12　静馨嘉苑方案2　景观平面图

图4-13　静馨嘉苑方案2　设计效果图　　　湖南工艺美术职业学院毕业生 向晶、黄佩 设计

案例 4 园林景观二点透视案例（运用二点透视作图）

如图4-14所示为秀峰公园同心桥园林景观。

园林景观的表达常常成为我们写生和手绘表现的对象，如何准确描绘景观中的建筑物和配景呢？

（1）面对景观，首先应分析景观所取的角度是属于哪一种透视类型？看看在画面中是一点透视还是两点透视？

（2）选取景观在画面中的表达范围，根据所选景观范围经营画面的构图或布局。例如在"秀峰公园同心桥"这个园林景观中，坐落在湖面上的同心桥这个建筑物是画面的主体。然后考虑如何运用所学透视知识分析和解决写生或手绘景观中形体与空间关系的表达方式。

（3）找到并确定好景观中视平线的上下位置，也就是要求在景观画面的透视表达时，要先确定好画面视平线的位置，然后根据画面主体建筑物所处角度在画面的视平线上确定好两点透视的左右两个余点的位置（见图4-15）。我们可以将作为画面主体的"同心桥"看成一个简单的立方体实体，运用"二点透视"和"平面上的反影（倒影）透视"的作图方法进行透视

图4-14 秀峰公园同心桥（园林二点透视案例）

图4-15　秀峰公园同心桥透视分析1（园林二点透视案例）

效果图的绘制。

● 反影透视运用（如作秀峰公园同心桥梯形体的倒影透视）

理解分析：

反影是指物体在镜面、玻璃、不锈钢等光滑物体前面或在平静的水面、光滑的大理石地面上所产生的与物体形象相反的虚像。

水平面上的反影（又称倒影）：倒影的虚像与实体的形象正好方向相反，其透视关系与实体的透视关系受同一视点、视平线、灭点的控制。

倒影的作图方法：

用物体引垂直线于反映面，寻找到物体与倒影的交界点。物体上的各点至交界点的距离与倒影各点至交界点的距离相等（见图4-16）。

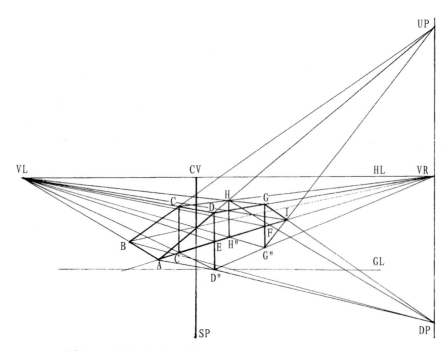

图4-16　秀峰公园同心桥透视分析2〔园林二点透视案例：平面上的反影（倒影）透视〕

①以二点透视作图法画出梯形体的透视图。

②由A、B两点向天点UP引天点消失线A—UP、B—UP；由G、H两点向地点DP引地点消失线DP—G、DP—H；A—UP与过E点的垂线交于D′点，G—UP与过F点的垂线交于G′点。

③连接余点消失线D′—G′，天点消失线G—I，梯形体的反影透视图即求得。

图4-17　秀峰公园同心桥景观素描　　　　　　　　　　湖南工艺美术职业学院学生　林园 作

图4-18　秀峰公园同心桥景观素描　　　　　　　　　　湖南工艺美术职业学院学生　杨艺慧 作

图4-19　秀峰公园同心桥景观效果图　　　　　　　　　　　贵树红 作

● 倾斜透视（斜面透视）作图及应用

物体自身存在的倾斜面（如楼梯、房顶、斜坡等），它既不平行于画面，也不平行于地面，所产生的透视现象称为倾斜透视。

在景观中，常常会遇到方形景物中的斜面透视问题，所谓"斜面"是指与水平的放置面相倾斜的平面。诸如方形景观中的人字房顶、阶梯广场和阶梯拱桥等景观中的坡度面（即斜面）。斜面透视分为平行斜面透视（一点斜面透视）或成角斜面透视（二点斜面透视）。

景观设计中的斜面透视运用较多，除了选定好视点角度外，倾斜线的消失点分为天点和地点两种。在视平线上方的消失点称为天点，也就是说，近低远高的直线称为天点消失线，天点消失线消失于天点（天际点）。在视平线下方的消失点称为地点，近高远低的直线称为地点消失线,地点消失线消失于地点(地下点)。天点或地点距地平线愈近,说明倾斜面的倾斜角度(即坡度)愈小,反之倾斜面的倾斜角度(即坡度)愈大。

拱桥的成角透视画法:

拱桥中的阶梯坡度和栏杆均属成角透视中的斜面透视,均消失于天点(天际点)。其作图步骤如下(见图4-20)。

①画出桥体地面空间。

②确定好视平线的画面高度。

③建立透视画面构成要素,拟定偏角,确定好余点在视平行上的适当位置。

④画出基线GL,定出视高。

⑤定出M测点,VP余点不要与M测点相混淆。

⑥确定好阶梯平台的高度和位置。

⑦阶梯的阴角线、阳角线和栏杆连接线均消失于天点。

⑧按照透视的基本规律、法则,将阶梯整体框架建立,画出每一级阶梯踏步。

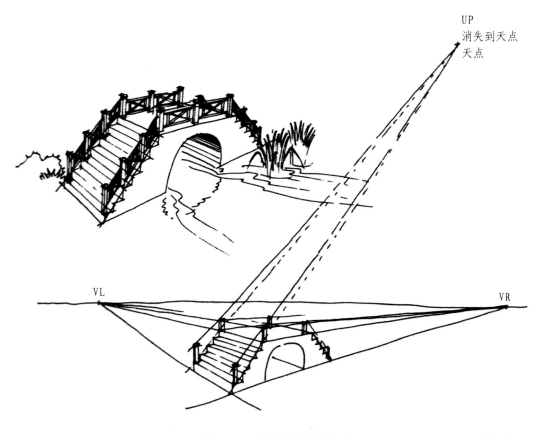

图4-20　拱桥的成角透视作图　　　　　唐建　作

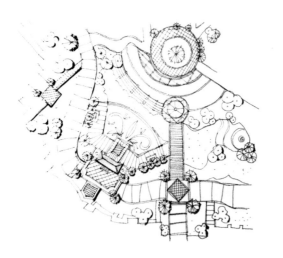

图4-21　景观平面图　　陈卉丽 作

案例 5　倾斜透视作图及应用

景观设计中的立方体空间变化丰富,随着视点的变换,所呈现的景观效果也就不同。与平行透视、成角透视相对照,当平放在水平基面GP上的立方体景观与不垂直于基面的画面PP构成一定夹角关系时,我们称之为倾斜透视,也就是三点透视。三点透视分仰视三点透视和俯视三点透视两种情况。在景观设计图中,全景图(鸟瞰图)常常采用俯视三点透视来进行效果图的表现(见图4-21、4-22)。

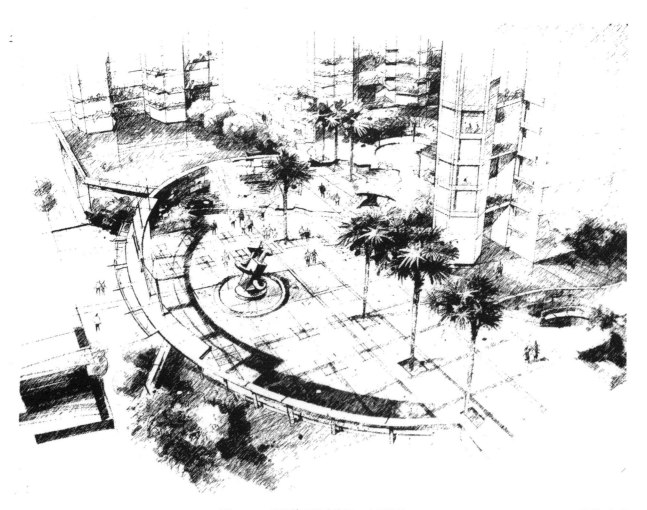

图4-22　景观效果图(俯视三点透视)　　　　　　　　　　洪菁遥 作

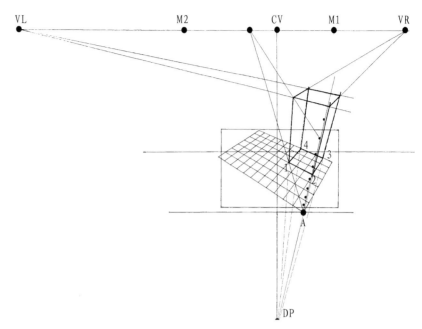

图4-23　景观俯视三点透视作图方法1

倾斜透视画面所反映的视角比较特殊，画法也相对比较复杂，容易出现透视错误，在景观设计效果图的实际运用中遇到较多的是鸟瞰图中景观建筑物的俯视三点透视画法。其作图方法和步骤在第三章"透视与建筑设计"中已详细介绍。如图4-23、4-24所示。

在制作园林景观俯视图时，应注意VL、VR两余点只能消失于同一视平线上，所有垂直于地面的消失线都消失于地点（DP），如图4-23所示。

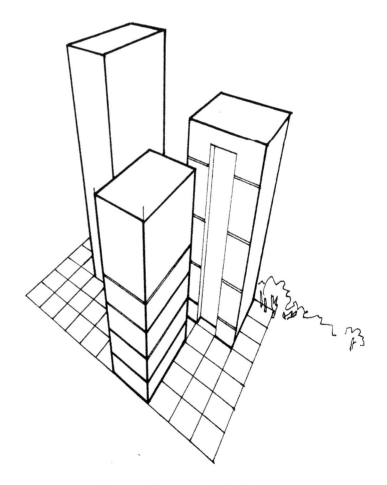

图4-24　景观俯视三点透视作图方法2

图4-25 园林景观效果图 　　　　　　　　　　　　　　　洪菁遥 作

第五章 透视与室内设计

　　室内设计技术——室内设计专业方向的培养目标是培养德、智、体、美全面发展，具有较好的美术基础和审美能力，牢固掌握环境艺术与室内设计的基本理论和基础知识，具有较强的实践能力和专业设计能力的高级专业人才。

　　室内设计技术——室内设计专业主要开设的课程有美术基础、设计构成、建筑制图、陈设与家具设计、环境与绿化、居室设计、公共空间设计、工程预决算、模型制作、3DMAX、AutoCAD、Photoshop、摄影、透视等。

　　室内设计技术——室内设计专业的就业方向是适合在各类环境设计公司、装饰装修公司、建筑公司、房地产开发公司、城市规划、教育等部门从事室内设计、装饰装修、管理及相关教育等工作。

　　室内设计技术——室内设计与工程管理专业方向主要是培养德、智、体、美全面发展，具有较高的艺术修养和一定的管理知识，牢固掌握室内设计及工程管理基础知识和基本技能，能从事室内设计、工程监理及工程管理等工作的高级专业人才。

　　室内设计技术——室内设计与工程管理专业主要设有设计构成、摄影、透视、识图制图、居室设计、公共空间设计、材料管理、工程预决算、装修监理、施工现场管理、电脑辅助设计软件、室内设计表现技法、财务管理、基地实习、模型制作等课程。

　　室内设计技术——室内设计与工程管理专业的毕业生主要从事城市规划、城市建设、管理部门、各类设计装饰公司、建筑公司及其他企事业单位从事室内设计和工程管理以及与此相关的各类装修项目管理、预决算、审计等方面的工作。

第一节 透视与室内设计的关系与作用

　　室内设计是一门具有四度空间的环境艺术。在表现这样一门艺术时，各种进行视觉传递的图形学技术，包括制图、透视效果图、模型、摄影、电影、录像等都可以作为室内设计空间表现的手段。但这些表现手段都有着各自的局限性。

图5-1　茗仕汇·茶会所（一点透视室内空间）　　　陈杰 设计

图5-2　茗仕汇·茶会所（二点透视室内空间）　　　陈杰 设计

图5-3　茗仕汇·茶会所（一点斜透视室内空间）　　　陈杰 设计

　　室内设计透视效果图是当今室内设计中设计师使用最普遍的重要手段，而在透视效果图的表现中，更是离不开正确的透视表达技巧和透视作图方法的灵活运用。通过绘制室内空间透视效果图，或使用摄影技术拍下来的室内空间，都可以使人们看到实际的室内环境。

　　室内设计效果图表现的内容包括：室内空间表现、室内一角、室内单体表现、室内细部表现等。

　　作为室内设计经常使用的透视图法有如下几种：

　　一点透视：一点透视表现范围广，纵深感强，适合表现庄严的室内空间，缺点是比较呆板，与真实的空间效果有一定距离。

两点透视：两点透视画面效果比较自由、活泼，反映空间比较接近与人的真实感觉。缺点是如果角度选择不好或者视距定得太近，就容易产生变形。

轴测图：能够再现空间的真实尺度，并可在画板上直接度量，但不符合人眼看到的真实情况，感觉别扭。严格地说，轴测图不属于透视的范畴。

第二节　透视在室内设计中的应用

绘制室内设计透视效果图采用的透视作图方法主要有一点透视作图法、二点透视作图法、一点斜透视作图法。

一、一点透视作图及应用

绘制室内设计透视效果图常常采用的方法为一点透视作图法，因为一点透视只有一个消失点，即心点，绘制起来较其他透视作图法更为方便，可以产生较强的纵深感，这种透视作图法应用范围较广。

（一）室内一点透视距点网格法应用

案例 1　运用一点透视距点网格法绘制室内空间

室内一点透视距点网格法作图步骤（见图5-4）：

（1）画出比例（3m×5m）正墙面矩形并标注上刻度。

（2）按正常观察的要求，在1.7m左右的真高位置画一条水平线，这就定出了视平线HL。

（3）在视平线HL上的内墙矩形约三分之一处确定心点CV。

（4）在视平线HL上，确定距点的位置。距点在心点CV的两侧，距心点左右大约为所描绘物体最宽（或最高）尺度的2~2.5倍以上位置。DL、DR为心点CV两侧的左、右距点。

（5）利用距点法求出室内4m×4m的正方形地面透视图及4m深度的进深：运用距点法连接右距点DR和4m基线刻度点并延长，与墙角线相交于4m透视进深点，依这个进深点画水平线，与4m刻度点的心点消失线相交，这样就求出了出室内4m×4m的正方形地面的透视图。

（6）在地面4m进深的基础上，求出5m×6m地面平面透视图网格。

（7）在地面平面图网格上按平面设计图的尺寸定出室内各家具的具体位置和比例尺寸，画出家具正投影在地面的平面透视图。

（8）在正墙面画出墙面真高的标高（真高标点）。

（9）根据墙面标高尺寸定出各室内家具的高度并具体画出各家具的立体造型并完善画面细节，完成室内空间效果图的透视线稿。

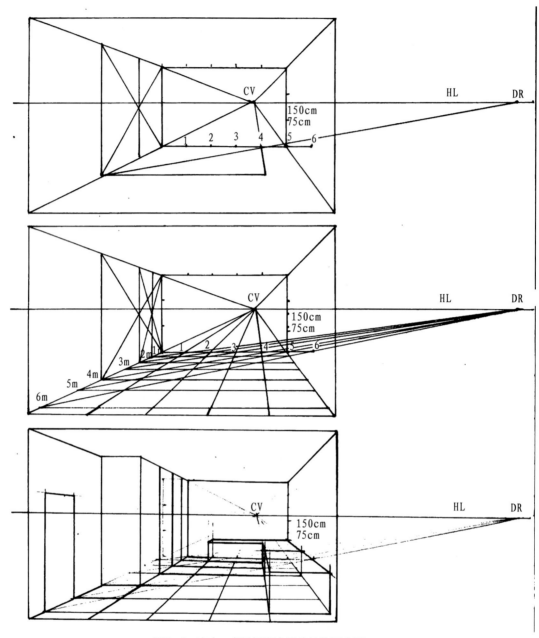

图5-4　室内一点透视距点网格法作图步骤

（二）室内一点透视测点网格法应用

在透视图法的分类中，一点透视、二点透视、三点透视各有其特点和适用范围。比较起来，一点透视图法学起来和用起来都最为简便，最容易掌握。但是，用一点透视绘制效果图，由于受角度的局限，图形往往会显得有些单调和呆板。因此，在绘制单个物体时，一般很少选用一点透视图法。但在室内设计中，由于设计上的空间范围大，包容的物体比较多，房屋空间的形状曲折多变，如果用二点透视或三点透视作图，就会十分困难。因此国内外许多建筑师和室内设计师大都选用一点透视中的测点网格法绘制室内透视效果图。

1. 由外向内推进室内一点透视测点网格法作图步骤（见图5-5）

（1）设定矩形外框ABCD的宽为5m、高为3m，并按比例以1m为一段标上刻度。

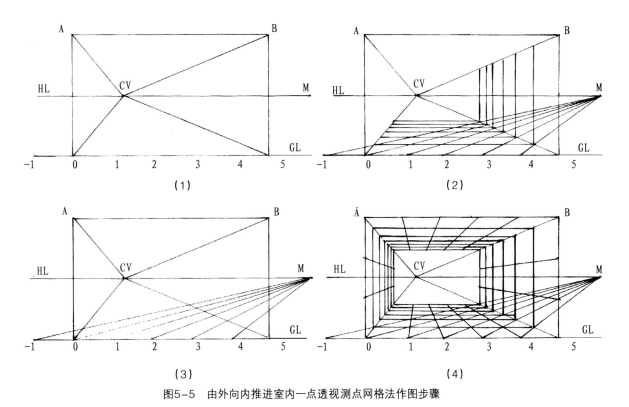

（1）　　　　　　　　　　　　（2）

（3）　　　　　　　　　　　　（4）

图5-5　由外向内推进室内一点透视测点网格法作图步骤

　　（2）按视高的要求设定视平线HL、心点CV，并在视平线右侧设定进深测量点M（大概位置在心点至下边缘距离的2~2.5倍处）。

　　（3）连接心点消失线CV-A、CV-B、CV-0、CV-5。

　　（4）连接进深测量线M-0、M-1、M-2、M-3、M-4、M-5（若进深为6m，则应从点0向左量出第6米刻度"-1"）M-"-1"，与CV-5相交可得到6m进深点。

　　（5）由进深点分别作垂直线、水平线得到地面及右墙面的进深线和CV-B、CV-0线上的进深点；再由CV-B、CV-0线上的进深点分别作垂直线、水平线得到天花顶棚左墙面的进深线。这样，由外向内推进的室内一点透视网格图就求出来了。

　　（6）在求出的室内一点透视网格图的基础上，再进一步绘制出室内家具等陈设。

2. 由内向外推进室内一点透视测点网格法作图步骤（见图5-6）

（1）按5m×3m的比例设定矩形内框ABCD，并在各边记下刻度。

（2）按视高的要求设定视平线HL、心点CV，并在视平线右侧设定进深测量点M（大概位置在进深刻度点的后面，以便求取进深点）。

（3）连接心点消失线CV-A、CV-B、CV-C、CV-D并延长。

（4）延长A-D并在延长线上延伸刻度点1、2、3、4、5、6，连接进深测量线M-0、M-1、M-2、M-3、

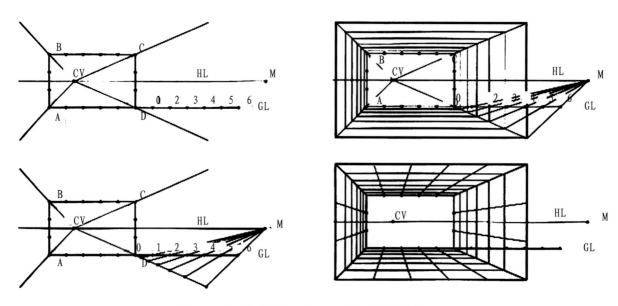

图5-6　由外向内推进室内一点透视测点网格法作图步骤

M-4、M-5、M-6并延长，与CV-D的延长线相交求得6m进深点。

（5）由进所求出的深点分别作垂直线、水平线得到地面及右墙面的进深线和CV-C、CV-A线上的进深点；再由CV-C、CV-A线上的进深点分别作垂直线、水平线得到天花顶棚和左墙面的进深线。这样，由内向外推进的室内一点透视网格图就求出来了。

（6）在求出的室内一点透视网格图的基础上，再进一步绘制出室内家具等陈设即可。

（三）用简省足线法作一点透视效果图

案例2　运用简省足线法绘制一点透视室内空间

已知：正立面投影图（见图5-7）和水平面投影图（见图5-8）

求作：符合已知条件的室内一点透视效果图

作图：

（1）作基线GL。

（2）以基线GL为界，在基线GL上面按实际尺寸比例作正立面投影图。以基线GL为界，在基线GL下面按实际尺寸比例作水平面投影图（见图5-9）。

（3）确定视高、视平线、心点、足点（视点）、视角（见图5-10）。

①在基线GL以上，以1.6m为视高作视平线HL，使HL∥GL；

②在视平线上的中心位置定心点CV；

③以心点CV作视中线CV-SP，使CV-SP⊥HL；

④以正墙边（基线）GL为底，在视中线CV-SP上定出顶点SP；使视角∠GSPL处于40°～45°之间。SP即为立点（视点）。

（4）求水平面的透视点、透视线和透视面。（见图5-11）。

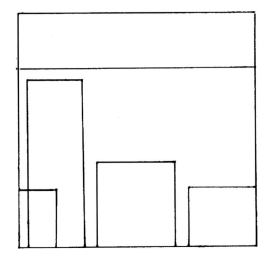

图5-7　室内正立面投影图（立面图）

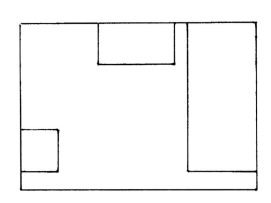

图5-8　室内水平面投影图（平面图）

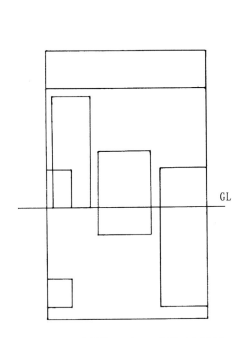

图5-9　在基线GL上、下分别对应放置
立面图和平面图

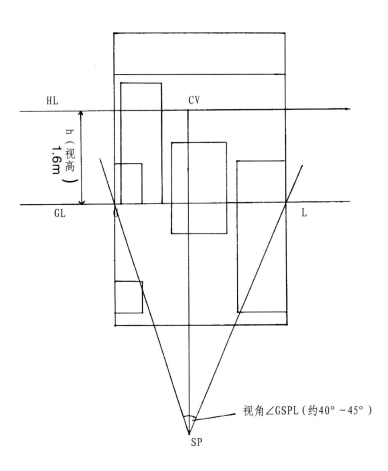

图5-10　按1.6m视高确定视平线HL、心点CV、
视点SP（即足点）、视角

①透视点：即心点消失线与站点投影线的交点。

心点消失线：心点CV与基线GL上各点的连线。

站点投影线：足点（视点）SP与水平面投影图上线。

（注：水平面投影图上，不位于基线上的点，要从该点作基线之铅垂线，才可求得基线上点。）

②以透视点连接即成透视线、透视面、透视体、透视图（见图5-12至图5-14）。

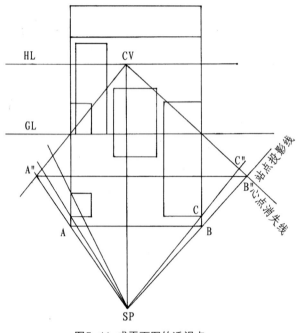

图5-11 求平面图的透视点

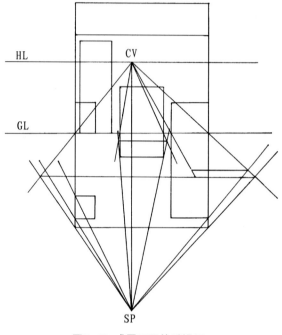

图5-12 求平面图的透视图

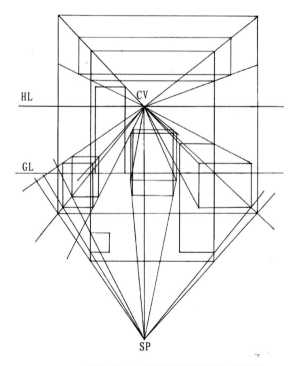

图5-13 在平面图的透视图上分别按
立面图的真高画出室内各家具有透视图

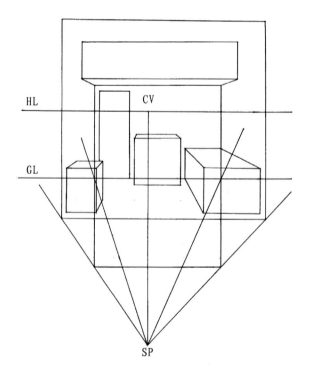

图5-14 完成的室内空间透视图

案例 3 室内一点透视测点网格法应用（某室内卧室空间透视效果图绘制）

（1）按相应比例尺寸绘制室内设计空间的平面投影图（平面图）。

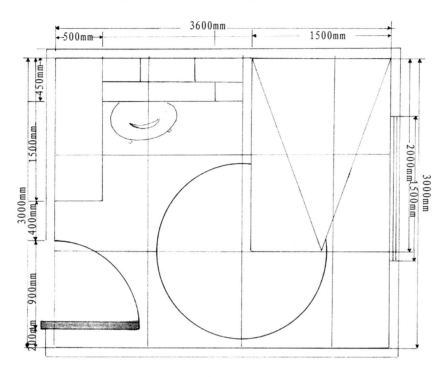

图5-15 某室内卧室平面图

（2）依据室内平面图的比例尺寸，运用一点透视由外向内量点网格法（一点透视量点网格法的作图方法与步骤在上文已作详述）绘制出室内空间的透视效果图线稿。

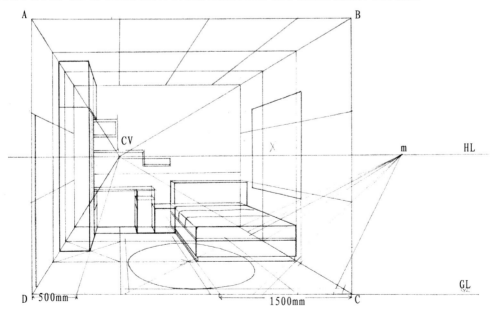

图5-16 量点网格法求一点透视效果图作图线稿

图5-17　某室内一点透视卧室效果图

案例 4　用测点网格法作某室内客厅透视图步骤

（1）布置好平面图，并按1m×1m画上地面网格作为辅助线（见图5-18）。

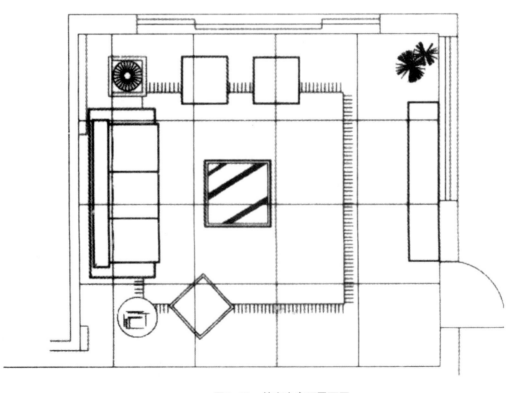

图5-18　某室内客厅平面图

（2）用测点网格法作出室内一点透视空间结构效果图，并根据平面图家具在网格中的位置在透视图中找到相应的地面投影。

（3）过地面家具投影的各点作垂直线，在真高线上寻求家具的真实高度。

如果在平行透视中因方向不同出现多点透视，可以通过集中真高线的方法解决（见图5-19）。

① 先在视平线上任意确定A点，及任意选取线段A-B。

② 延长基线GL与A-B线交于C点。

③ 过C点作垂直线并按比例定出CD为凳子的真高。

④ 连接A-D并延长，以凳子地面投影的E点作水平线，与A-B线相交于E′。

⑤ 过交点E′作垂直线与A-D的延长线相交于F"。

⑥ 过F′作水平线与E点的垂直线相交于F点，E-F就是多点透视中的凳子高度，凳子的其余各点高度求法同理。

（4）家具的高度求作完成后，进行细节处理，完成室内平行透视量点法作图。

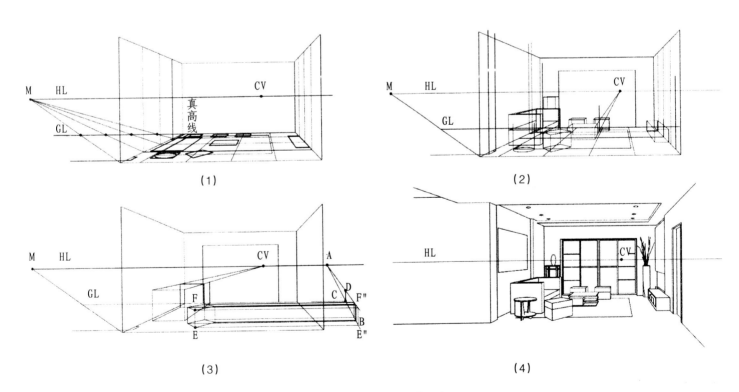

图5-19　某室内客厅透视作图步骤

案例 5　室内空间一点透视作图步骤

（1）将平面图置入画面PP上，使平面图的一边与画面重合，交画面于a-d，确定视点SP、基线GL、心点CV，将画面PP上的a、d两点向下作垂直线与基线GL相交得到点A、点D，在基线上引真高线的平行线与垂直线相交于B、C，连接A-CV、B-CV、C-CV、D-CV，将平面图上的其余两个界面交点向视点SP作连接与画面PP相交所得各点作垂直线求得F、G、H、ISP四点，连接F、G、H、I即求出室内空间的构架〔见图5-20（1）〕。

（2）通过同样的方法将平面图各家具的位置投影到透视图的地面。

（3）求作家具宽度尺寸可以通过平面图的桌子、沙发向下作垂直线与基线GL形成交点即可限定出来，高度则从基线GL上的真高线中量取，并向心点CV作连线，完成桌子、沙发的透视图。其余部分同理求作。

（4）所有家具结构求作完成后，处理细部，完成透视画法。

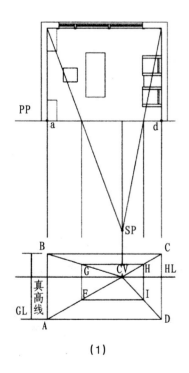
（1）

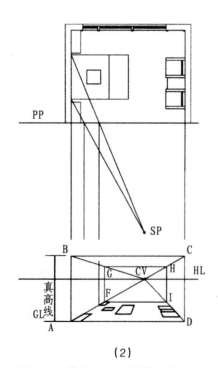
（2）

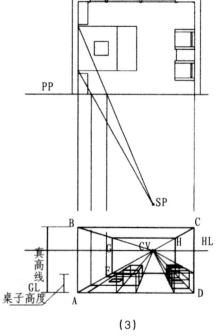
（3）

图5-20　某室内空间透视作图步骤

二、二点透视作图及应用

案例 6　二点透视量点网格法作室内成角透视图方法及步骤

（1）定出视平线HL、真高线AB，两个余点VL、VR，作A、B两点与VL、VR的连线，并使之延长，以VL–VR为直径画圆弧，交A–B延长线于点SP，分别以VL、VR为圆心，VL–SP、VR–SP为半径作圆弧交视平线HL于点M2、点M1，M1、M2为透视进深的测量点（见图5-21）。

（2）过点A作基线GL，并按真高线同样比例标明刻度，点A左右两侧分别代表两侧的进深尺度，分别过点M1、M2作基线GL上各刻度的连线，并延长交过A点的透视线于各点，将各点分别连接VL、VR延长形成地面网格（图5-22）。

（3）整理细节，完成室内空间结构的透视作图（见图5-23、图5-24）。

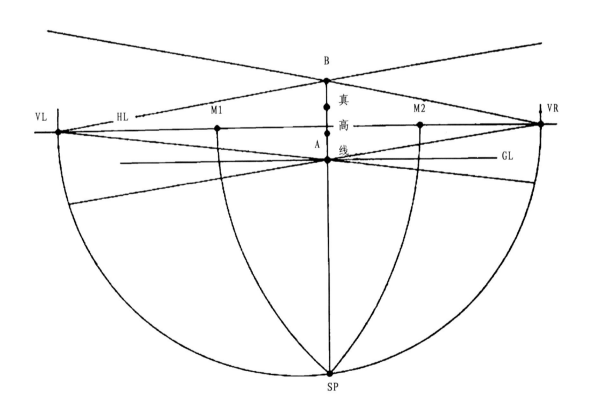

图5-21　二点透视量点网格法步骤一

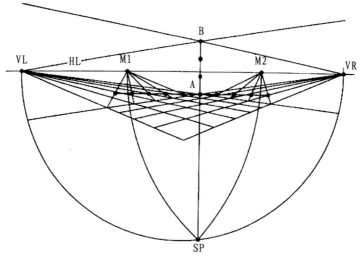

图5-22　二点透视量点网格法步骤二

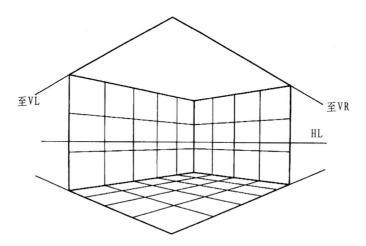

图5-23　二点透视量点网格法步骤三

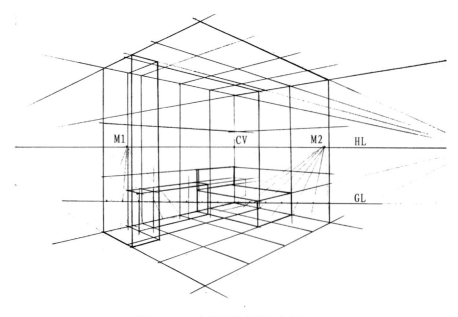

图5-24　二点透视量点网格法步骤四

三、室内一点斜透视（一点变二点）作图及应用

在透视图法的分类中，一点透视、二点透视、三点透视各有其特点和适用范围。比较起来，一点透视图法学起来最简便，最容易掌握。但用一点透视绘图，由于受角度的局限，图形往往显得有些单调和呆板。因此，在绘制单个物体时，人们很少选用一点透视图法。但在室内设计中，由于设计的空间大，包容的物体多，房屋空间的形状曲折多变，如果用二点透视或三点透视作图，就会非常困难。依据"处理复杂的事物采用尽可能简单的方式"这一思路，国内外的许多建筑师和室内设计师大都选用一点透视图法绘制室内透视图。

一点变二点室内透视图法是由一点室内透视图法的基础和框架演变而成的。这种方法把常规透视图法中分别处于心点两侧的灭点，变为把一个灭点（心点）安排在画面之内，另一个灭点（余点）安排在画面以外很远的地方，这种作图法比一点室内透视图法更加简便、易学、实用且生动活泼，因而被当今室内设计师普遍采用。

案例 7 运用一点斜透视（一点变二点）透视作图法绘制某室内卧室效果图线稿

（一）一点斜透视一点变二点室内透视图法作图方法之一（由外向内推进）（见图5-25）

（1）按已知外墙面尺寸（3 m×5 m）的比例画出矩形ABCD，并在各边记下尺寸刻度。

（2）按视高的要求设定视平线HL、心点CV（与室内一点透视图法不同的是，灭点的位置应定在靠近A—B线或C—D线的位置），并在视平线左侧设定进深测量点M（大概位置在心点至下边缘距离的2倍处）。

（3）连接心点CV和墙面矩形ABCD的A、B、C、D四点，求出天花顶棚、地面和左右墙面；连接心点消失线CV—A、CV—B、CV—C、CV—D。

（4）在心点CV至C、D点的连线上CV—C、CV—D，向内作收分，得到收分点C′和D′；连接C′–D′，则C′—D′为一点变两点室内透视图的右墙边缘线，再连接A—D′、B—C′，从而完成透视图外框。

（5）连接进深测量线M—A、M—1、M—2、M—3、M—4、M—D，与心点消失线VP—A线相交求得5m进深点；然后，由各进深点作垂直线与心点消失线CV—B相交，得到左墙的进深线和心点消失线CV—B线上的进深点。

（6）连接心点CV和AD线的中点O，又连接第五进深点E—D′（透视地面的对角线），二线相交于中心点O′；过点O′分别作CV—A上各进深点的连线并延长，交CV—D′于右墙各对应进深点；连接A—D′、E—E′，并由各进深点作垂直线与CV—C′相交，得到右墙的进深线和CV—C′线上的进深点；连接CV—B与CV—C′二心点消失线上的各进深点和CV—A、CV—D′二心点消失线上的各进深点，即完成一点变两点室内透视图的框架。

（7）矩形ABCD上的各刻度点与心点CV连接，即完成一点变两点室内透视图框架。

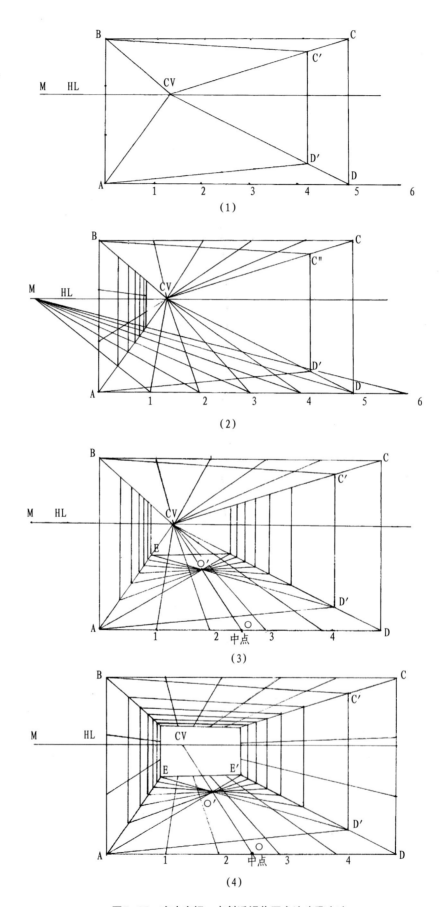

图5-25　室内空间一点斜透视作图方法步骤（4）

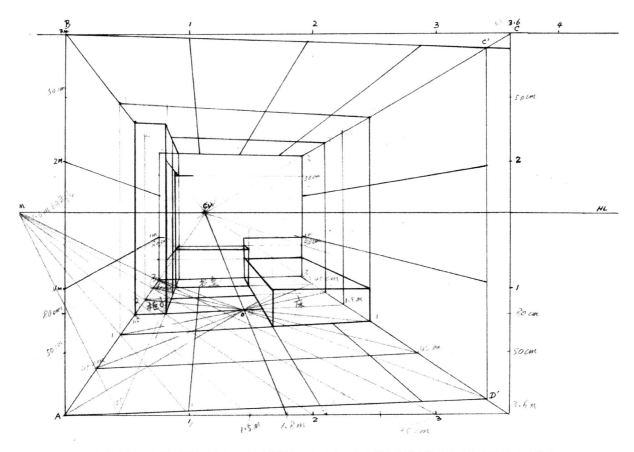

图5-26　运用室内空间一点斜透视（一点变二点透视）作图方法之一（由外向内推进）所完成的透视效果图线稿

（二）一点变二点室内透视图法作图方法之二（由外向内推进）

（1）按已知外墙面尺寸（3m×5m）的比例画出矩形ABCD，并在各边记下尺寸刻度。

（2）过心点CV作垂直线，并在此垂直线上确定视点SP（大概位置在心点至下边缘距离的2~3倍处）。

（3）在心点CV至C、D点的连线CV—C、CV—D上，向内作收分，得到收分点C′和D′；连接C′—D′，则C′—D′为一点变二点室内透视图的右墙边缘线，再连接A—D′、B—C′，从而完成透视图外框。

（4）连接SP—B、SP—C′，分别与CV—A、CV—D′相交于E、F二点；再由E、F二点分别作垂直线，分别与CV—B、CV—C′相交于H、I二点，连接E、F、I、H各点，即求出透视图的内框〔见图5-26（1）〕。

（5）过心点CV连接A—B、C—D二线上的各刻度点，分别与E—B、F—C′、CV—A、CV—D′等线相交于各点并过相交的各点作垂直线（此时的空间进深为6m）。如果需要延长（或缩

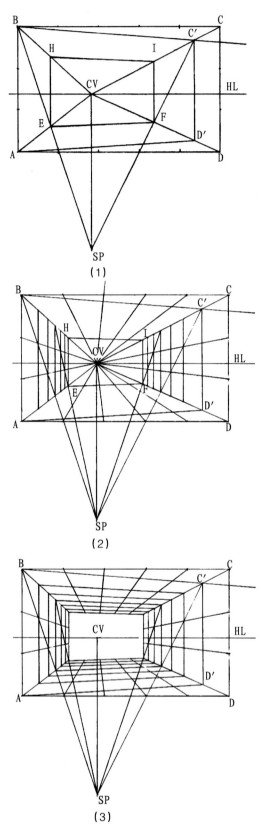

图5-27　一点变两点室内透视图法的作图方法之二
（由外向内推进）

短）进深，可依同理求取〔见图5-27(2)〕。

（6）将心点消失线C-V—A与CV—D′线上各交点连线，再将心点消失线CV—B与CV—C′上的各点连线，即完成一点变二点室内透视图〔见图5-27(3)〕。

（三）一点变二点室内透视图法的作图方法之三（由内向外推进）

（1）按已知内墙面尺寸（3m×5m）的比例画出矩形ABCD，并在各边记下尺寸刻度。

（2）按视高的要求设定视平线HL、心点CV（与一点室内透视图法不同的是，心点的位置应定在靠近AB线或CV线的位置），作心点CV和A、B、C、D的连线并延长。

（3）过A点作水平线，此线即为基线GL。在基线GL上，确定进深刻度点。

（4）过B点作任意斜线，交CV—C的延长线于C′，过C′点作垂直线，与心点消失线CV—D的延长线相交于D′，连接D′—A，完成透视图内框。过D′点作水平线，交CV—A的延长线于E，然后以E—D′为直径画半圆，交A—B的延长线于F，再以E为圆心、E—F为半径画弧，交E—D″于点G。

（5）连接G—A并延长，与视平线HL相交于M，交点M为进深测量点。

（6）连接进深测量点M和进深刻度各点并延长，与心点消失线CV—A的延长线相交于各进深点；再于各进深点作垂直线与心点消失线CV—B的延长线相交，得心点消失线CV—B线上各进深点。

（7）连接灭点CV和AD线的中点O，又连接进深点E—D′（透视地面的对角线），二线相交于中心点O′；过点O′分别作CV—A上各进深点的连线并延长，交CV—D′于右墙各对应进深点；连接A—D′、A—D，并由各进深点作垂直线与CV—C′的延长线相交，得到右墙的进深线和CV—C′线上的进深点；连接心点消失线CV—B与CV—C′二线上的各进深点和心点消失线CV—A、CV—D′二线上的各进深点，即完成一点变二点室内透视图的框架。

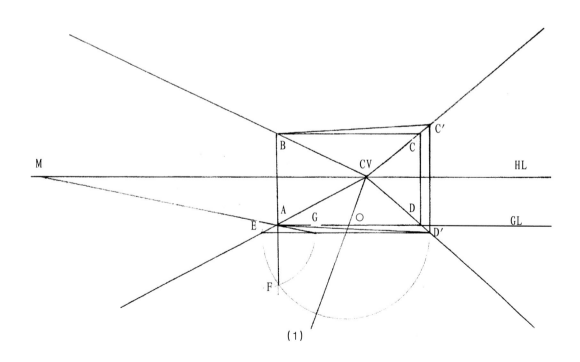

(1)

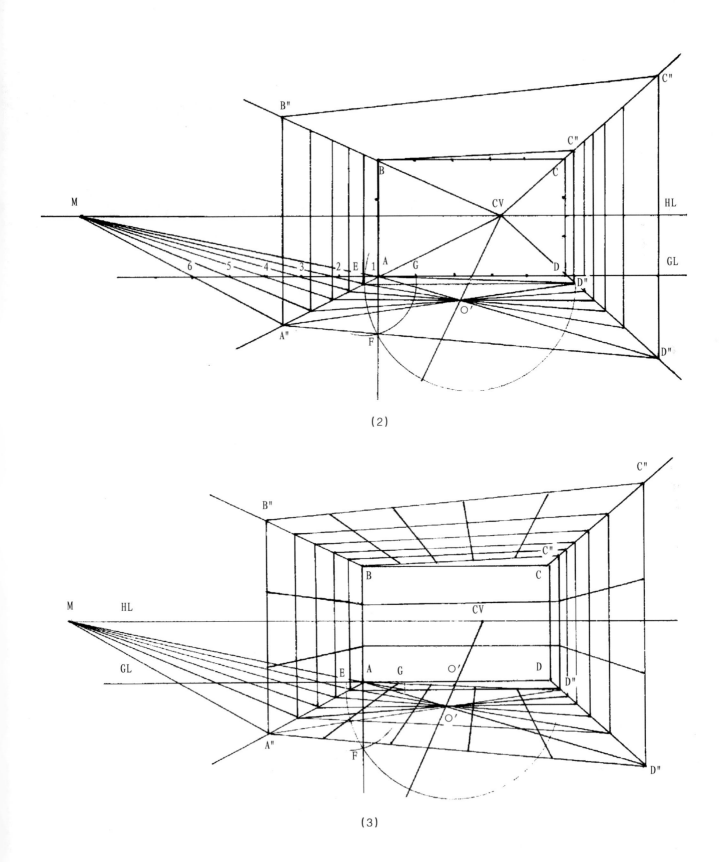

（2）

（3）

图5-28　一点变二点室内透视图法的作图方法之三（由内向外推进）

（四）一点变二点室内透视图法的作图方法之四（由外向内推进）

（1）按室内实际比例画出A、B、C、D外边框，并在各边记下尺寸刻度。

（2）确定视平线HL，心点CV，并由心点CV向A、B、C、D引心点消失线。

（3）任意定进深测点M、余点消失线B—VR，余点消失线B—VR与心点消失线C—CV相交于C′；由交点C′引垂线，求出新的透视边框ABC′D′。

（4）将进深测点M与A–D上各刻度点相连接并与A–CV相交，求出心点消失线A–CV线上的各进深点。

（5）利用在A–CV线上求出的各进深点；找出A–D的中点O，连接O–CV，再连接对角线E–D′，二线相交于中心点O′。

（6）利用对角线分割（增殖）法，求出一点斜透视室内空间透视图。

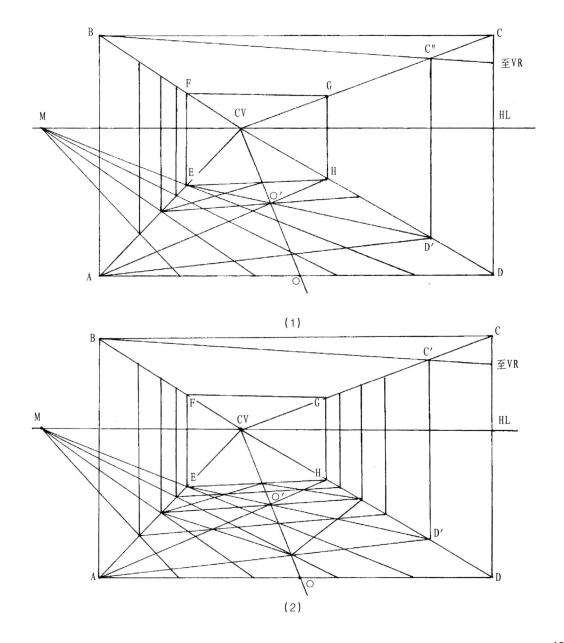

（1）

（2）

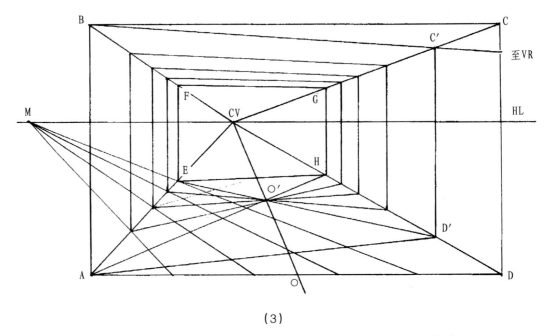

（3）

图5-28　一点变二点室内透视图法的作图方法之四（由外向内推进）

四、倾斜透视作图及应用

室内空间中的楼梯自身存在倾斜面，楼梯的倾斜面既不平行于画面，也不平行于地面，所产生的透视现象称为倾斜透视。

倾斜透视分为平行倾斜透视和成角倾斜透视两种情况。

案例 8　平行倾斜透视的上、下楼梯的画法1（见图5-29）

（1）定出视平线HL，确定心点CV、站点SP、距点DL或DR的位置。

（2）过心点CV作垂直线。

（3）由距点DL或DR上、下各量30°（为楼梯与地面的倾斜度）作射线，分别与过心点CV所作的垂直线相交，得到上面的天点UP和下面的地点DP。

（4）由A、B、C、D四点分别向心点CV和天点UP引天点消失线，心点消失线D-CV与天点消失线A-UP相交于点1；心点消失线C-CV与天点消失线B-UP相交于点2。与A、B两点向天点UP引天点消失线相交的1、2二点为上楼梯第一台阶的深度点。再由1、2两点向上作垂直线，与天点消失线C-UP、D-UP相交于3、4两点（上楼梯第二台阶深度点）。再由3、4两点向心点CV引心点消失线3-CV、4-CV，此二线与天点消失线A-UP、B-UP交于5、6两点（上楼梯第三台阶的深度点）。依此类推求得上楼梯的透视图。

（5）延长D–A至F点，使A–F＝A–D；延长B–A至M点，使A–M＝A–B。

（6）由M引垂直线至E，使M–E＝A–F。连接MAFE，则MAFE为下楼梯的第一台阶的立面。

（7）由M、A、F、E四点分别向心点CV和地点DP连线，心点消失线F–CV与地点消失线A–DP相交于H点，心点消失线E–CV与地点消失线M–DP相交于G点。

（8）过G作垂直线与地点消失线E–DP相交于O点，过H作垂直线与地点消失线F–DP相交于P点，得下楼梯第二台阶的垂直面GOPH，则EGHF为下楼梯第一台阶的水平面。

（9）连接心点消失线O–CV、P–CV分别于地点消失线M–DP、A–DP相交于U、V两点。依此类推，可求得楼梯的透视图。

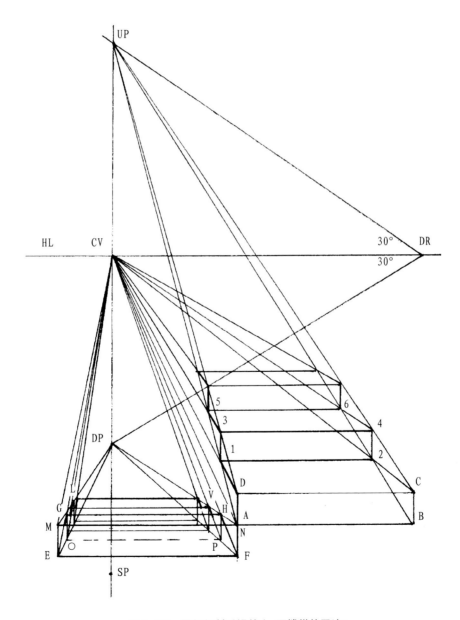

图5–30 平行倾斜透视的上、下楼梯的画法1

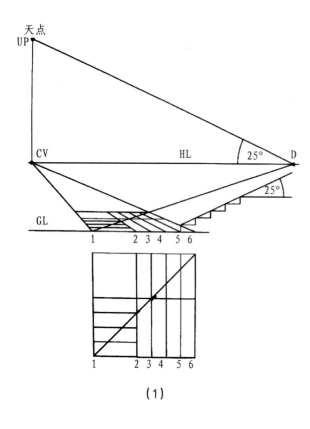

（1）

天点

（2）

案例 9　平行倾斜透视的上、下楼梯的画法2（见图5-31）。

（1）用距点法画楼梯平面图的透视图（透视平面图）。

① 定基线GL。

② 在基线下方画出楼梯的平面图。

③ 定视平线HL、心点CV、视中线、视点SP、距点D。

定天点：测绘立面图的倾斜角度为25°，过距点D作25°斜线与心点CV的垂直线相交，交点即为天点UP〔见图5-31（1）〕。

（2）按测绘立面图的倾斜角度25°画出楼梯的侧立面图〔见图5-31（1）〕。

① 以基线上点4为起点作与基线成25°夹角的斜线，再以基线上点5为起点作与基线成25°夹角的斜线。

② 从基线上的点5作垂直线与点4的25°斜线相交，然后接着画水平线与点5的25°斜线相交，得出第一级楼梯的级高和级宽，依此类推，画出第二、第三、第四、第五级楼梯的侧立面图。

（3）将地面各点作垂直原线。与画面平行的斜线为倾斜原线。与画面呈角度关系的斜线与天点连接为天点消失线〔见图5-31（2）〕。

画正面第一级楼梯：

① 依楼梯的平面图和级高画出第一级楼梯的正立面矩形图abcd。

② 分别将abcd与天点连接，得出楼梯的左右两组天点消失线；将点d、c分别与心点CV相连，分别交过a、b的天点消失线相交于e、f；连接e-f，完成第一级楼梯的作图；然后用画第一级楼梯的方法完成第二至五级楼梯的透视作图。

画侧面楼梯的透视图：

① 以第五级楼梯的真高为起点画出二组平行的25°倾斜原线。

② 按平面透视投影图画出侧面楼梯的立面图。

③ 将立面图的各楼层交点连接心点CV，与远处一组25°倾斜原先相交，连接各交点，即完成侧面楼梯的透视图。〔见图5-31（3）〕。

（4）整理细节，完成楼梯的透视图〔见图5-31（4）〕。

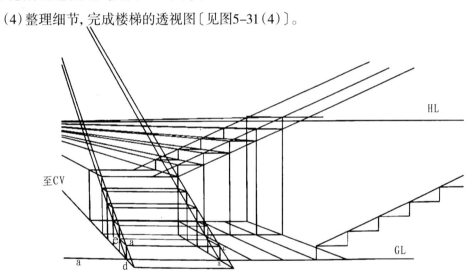

（3）

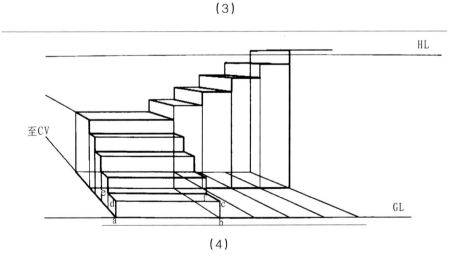

（4）

图5-31 平行倾斜透视的上、下楼梯的画法2

案例 10　成角倾斜透视的上、下楼梯的画法1（见图5-32）

（1）运用两点透视测点法画出楼梯平面图的透视图。

（2）以视平线HL为斜角的一边，ML为斜角的顶点，上下量得30°角的上下边与过心点CV的垂线交于两点，则上点为天点UP、下点为地点DP。

（3）由A、D两点向天点UP引天点消失线。由D点向VL连余点消失线D-VL交天点消失线A-UP于E点，由D点向VR引余点消失线，与过B点的垂直线B-C交于C点。连接余点消失线C-VL与天点消失线B-UP交于F点，过E、F两点作垂直线向上与天点消失线D-UP、C-UP交于H、G两点，连接余点消失线H-VL、G-VL与天点消失线E-UP、F-UP交于J、I两点，由J、I两点向上作垂线与天点消失线H-UP、G-UP交于K、L两点。依此类推可求得楼梯的透视图。

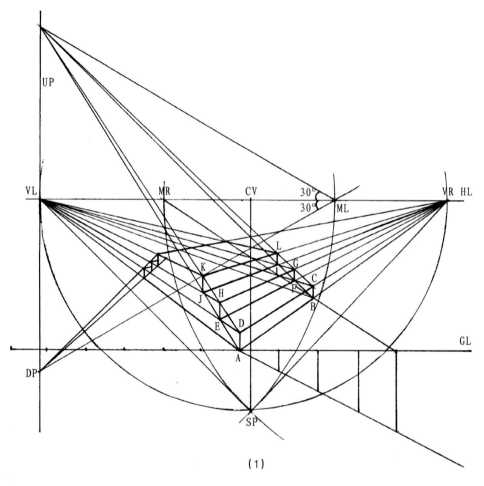

（1）

图5-32　成角倾斜透视上、下楼梯的画法1

案例 11　成角倾斜透视的上、下楼梯的画法2（见图5-33）

（1）将楼梯整体设定为一个立方体，用测点法求出楼梯的立方体整体透视框架，将楼梯的侧立面看作一个矩形平面：

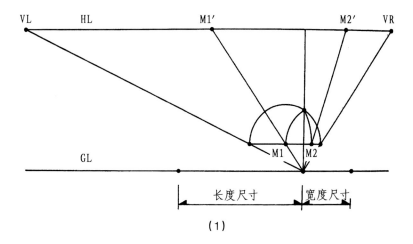

（1）

画侧楼梯的侧立面透视图：

① 5等分真高，求得楼梯级高刻度点。

② 将真高上的刻度点与余点VL连接，得出侧立面楼层透视；根据侧立面长度尺寸用量点法画出各级楼层的透视深度，完成侧立面透视图。

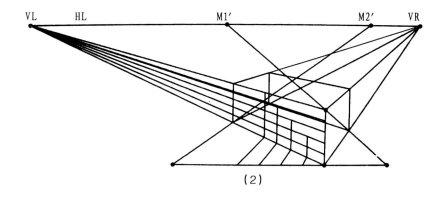

（2）

（2）将侧立面楼层各交点与余点VR连接，寻找细部结构，完成楼梯的透视简省作图。

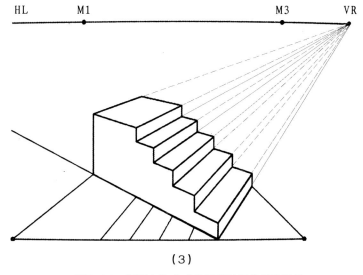

（3）

图5-33　用测点法求成角倾斜透视楼梯的画法2

第六章 透视与展示设计

第一节 透视与展示设计的关系与作用

现代社会中空间展示艺术与人们的日常生活息息相关，无论是文化空间还是商业空间，优秀的展示设计都会带给人们高品质的展示氛围、精彩的空间体验和良好的经济文化效应。展示设计包含着平面设计和空间设计的各个方面，同时还包含了设计以外的相关专业。展示设计的首要目的就是要充分传达产品的信息。现代展示设计的内核是空间加信息传播，再加上艺术设计。这个内核是我们学习和理解展示设计必须掌握的关键点。

展览展示艺术设计专业的培养目标是培养德、智、体、美全面发展，具有较好的美术基础、具有一定的创新思维和策划方面的能力、具有系统的展示设计的基本知识和技能，能从事展览、展销设计、制作、策划宣传等工作的高级专业人才。

从高等院校的展览展示艺术设计专业的课程设置和将来的专业设计工作的需要来看，透视是不可或缺的专业基础知识。

第二节 透视在展示设计中的应用

在展示设计效果图中，常见的透视方法有一点透视、二点透视和三点透视。用一点透视表现展示效果图，可以表现场景较大的展示空间，如大的超市、店铺等，尤其是表现空间范围大，包含展示内容较多或较繁复的空间时，采用一点透视作图法来进行作图更为方便。采用二点透视表达展示效果图，则可以让效果图的表达给人有更为逼真之感。运用三点透视表现展示空间在展示设计效果图的表现中是非常广泛的，尤其是主题性或专题性展示空间的表达，一般常采用三点透视作图的形式来进行效果图的表达。

一、一点透视作图及应用

一点透视作图法可以更为方便地表达场景较宽阔的展示空间，如大的超市、店铺等，采用一点透视作图法表现空间范围大，包含展示内容较多或较繁复的空间，可以使展示效果图的线稿绘制更为方便。

案例 1 某鞋店展示空间透视效果图绘制步骤

（1）根据画面需要确定视平线，再在视平线上根据视点的合适位置定出心点。

（2）根据设计平面图的尺寸及比例要求，采用一点透视作图法布置出地面、天花板及墙面的空间范围，建立透视空间框架。

（3）采用一点透视作图法画出透视地面平面布置图。

（4）再根据立面图的真高定出各物体的高度，并根据各物体高度（包括展柜高度）进一步完成一点透视效果图的线稿绘制（见图6-1）。

图6-1 一点透视展示空间（某鞋店展示空间）透视效果图线稿　　　　贵树红 绘制

二、一点斜透视作图及应用

一点斜透视是在一点透视基础上,结合两点透视的优点的一种透视作图法。用一点斜透视作展示设计效果图既保留了一点透视作图方便的优点,又增加了两点透视效果图生动活泼的优点,这种作图法在近年常被设计师普遍采用。

案例 2　某展厅透视效果图绘制步骤

(1)根据画面需要确定视平线,再在视平线上根据视点的合适位置定出心点。

(2)根据设计平面图的尺寸及比例要求,采用一点斜透视作图法布置出地面、天花板及墙面的空间范围,建立透视空间框架。

(3)采用一点斜透视作图法画出透视地面平面布置图。

(4)再根据立面图的真高定出各物体的高度,并根据各物体高度(包括展柜高度)进一步完成一点斜透视效果图的线稿绘制(见图6-2)。

图6-2　一点斜透视展示空间(某展厅透视效果图线稿)　　贵树红 绘制

三、二点透视作图及应用

运用二点透视表达展示设计效果图,可以让所表现出的效果图给人以亲切感和真实感,画面效果比较生动、活泼,可达到更为逼真的画面展示效果。

案例 3　苹果电脑展厅透视效果图绘制步骤

(1)根据画面需要确定视平线,并在视平线上根据视点的合适位置定出左右两个余点。

(2)根据设计平面图的尺寸及比例要求,采用两点斜透视作图法布置出展示空间的范围,建立二点透视空间框架。

(3)采用二点透视作图法画出透视地面平面布置图。

(4)再根据立面图的真高定出各物体的高度,并根据各物体高度进一步完成二点透视效果图的线稿绘制(见图6-3)。

图6-3　二点透视展示空间(苹果电脑展厅透视效果图线稿)　　　　　贵树红 绘制

四、三点透视作图及应用

三点透视展示效果图是展示设计中运用较多的一种透视作图方法。这种透视效果图尤其适合于表现主题性或专题性较强的展台效果，它可以非常突出地展现展示内容，能起到强化主题的作用。

三点透视展示效果图包括仰视三点透视和俯视三点透视两种。以下案例4为仰视三点透视案例，案例5为俯视三点透视案例。

案例 4　某博览会展示台透视效果图绘制步骤（仰视三点透视）

（1）为了使展示台有以小见大的高大感，可采用仰视三点透视作图法绘制这个博览会展示效果图。

（2）根据画面构图需要确定展示台的视平线，并在视平线上根据视点的合适位置定出左右两个余点；在视中线上方定出天际点。

（3）根据设计平面图的尺寸及比例要求，采用三点透视作图法的方法布置出展示空间的体面框架范围，建立三点透视立方体空间框架。

（4）采用三点透视作图法画出透视地面平面布置图。

（5）这里的墙面方格的分割，可采用第二章第三节所介绍的"透视图形的分割与增殖"的透视作图方法来进行绘制。

（6）根据立面图的真高定出各物体的高度，并根据各物体高度进一步完成博览会展台三点透视仰视效果图的透视线稿绘制（见图6-4）。

图6-4　仰视三点透视展示空间（某博览会展示台透视效果图线稿）　　　贵树红 绘制

案例 5　自行车展台透视效果图绘制步骤（俯视三点透视）

（1）根据自行车展台的设计需要，为了能更全面地展现自行车的展示效果，可将效果图的透视采用俯视三点透视作图法进行透视线稿的绘制。

（2）同样可根据画面构图的需要来确定展示台的视平线，这时视平线的位置可定在高于展台处，这样我们就可以全面地看到展示台的展示效果。

（3）在视平线上根据视点的合适位置定出左右两个余点，在视中线下方定出地下点。

（4）根据设计平面图的尺寸及比例要求，采用俯视三点透视作图法布置出此展示空间的体面框架范围，建立三点透视立方体空间框架。

（5）采用俯视三点透视作图法画出透视地面平面布置图。其中圆的展台部分可根据"先方后圆"的透视作图方法求出圆柱体的透视图，再步步细分；展示台上放射状陈列的自行车，也可按比例尺寸先求出放射矩形单片，然后按"先方后圆"的透视作图方法求出自行车的车轮轮面的圆的透视。

（6）根据立面图的真高定出展板等其他各物体的高度，并根据各物体的高度进一步完成自行车展台俯视三点透视效果图的透视线稿绘制（见图6-5）。

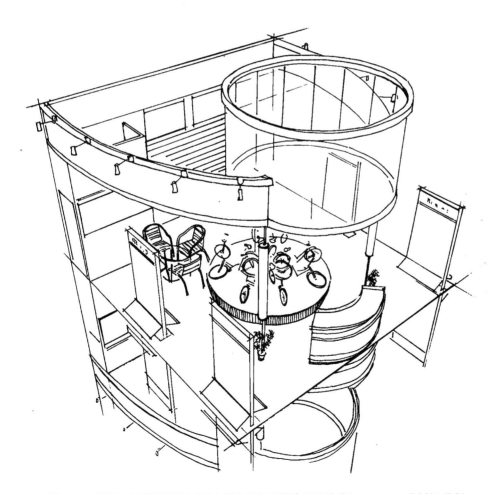

图6-5　俯视三点透视展示空间（自行车展台透视效果图线稿）　　　贵树红 绘制

参考文献

1. 贵树红. 建筑设计环境艺术设计透视作图法新编. 北京: 人民美术出版社, 2011.

2. 吴英凡. 造型艺术（6）. 透视作图的新方法. 沈阳: 辽宁美术出版社, 1983.

3. 魏永利, 贺建国, 郑录高, 殷金山. 透视、色彩、构图、解剖. 北京: 高等教育出版社, 1989.

4. 张绮曼, 郑曙旸. 室内设计资料集. 北京: 中国建筑工业出版社, 1991.

5. 李福成. 设计透视. 石家庄: 河北美术出版社, 1999.

6. 苏丹, 宋立民. 建筑设计与工程制图. 武汉: 湖北美术出版社, 2001.

7. 赵慧宁. 设计透视. 桂林: 广西美术出版社, 2003.

8. 韦自力. 设计一点通透视. 桂林: 广西美术出版社, 2004.